秸秆还田地力提升技术研究与应用

JIEGAN HUANTIAN DILI TISHENG
JISHU YANJIU YU YINGYONG

丛日环　主编

中国农业出版社

北 京

编　委　会

主　编　丛日环

参编人员（以姓名拼音为序）

戴志刚　侯素素　刘　煜　霍润霞　贾瑞峰

廖世鹏　陆志峰　任文海　孙元丰　王安心

王昆昆　吴　凤　徐志宇　余秋华　岳红霞

张青松　张文君　张艳科　张洋洋　钟紫婧

周　晗　朱　俊

目　　录

第一章 秸秆还田对农作物产量的影响

第一节 秸秆还田量对农作物产量的影响

近年来，我国越来越重视农作物秸秆还田利用，以提高秸秆资源的高效利用，培肥土壤。越来越多的研究证实了作物秸秆还田对作物产量和土壤质量的促进作用（曾木祥等，2002）。适量秸秆还田可以促进作物根系的生长，降低土壤水分的蒸发速度，减少蒸发，增强土壤储水能力，为作物生长创造适宜的土壤水分条件，从而提高作物的产量。在一定范围内，作物的产量随着前季作物秸秆还田量的增加而提高（Suriyagoda et al.，2014；Yang et al.，2004）。也有学者认为，如果秸秆还田量过高，秸秆相对较高的碳氮比会促进微生物从土壤中吸收矿物氮，降低植物生长发育的氮含量，进而会降低作物产量（Witt et al.，2000）。胡乃娟等（2015）发现，与其他秸秆还田量相比，25%（2 250 kg/hm² 水稻秸秆，1 500 kg/hm² 小麦秸秆）和 50%（4 500 kg/hm² 水稻秸秆，3 000 kg/hm² 小麦秸秆）秸秆还田量显著提高了作物产量。Zhu 等（2015）发现，随着秸秆还田量的增加，作物产量呈先增加后减少的趋势，其中秸秆还田量为 50%（4 500 kg/hm² 水稻秸秆，3 000 kg/hm² 小麦秸秆）的产量最高。然而，Xu 等（2016）的研究表明，75%（6 750 kg/hm² 的水稻秸秆，4 500 kg/hm² 的小麦秸秆）秸秆还田量对作物的年产量影响最显著。单玉华（2006）和强学彩等（2004）认为，由于秸秆还田量越大，短时间土壤中积累各种有机酸的浓度也就越高，对作物生长的有害影响也就越大，从而导致作物减产。显然，不同研究得出的适宜秸秆还田量不尽相同。

除秸秆还田量对作物产量可能产生影响以外，秸秆还田方式、还田年限、配套的栽培和施肥措施等都会影响作物的产量。吴玉红等（2017）关于水稻—小麦轮作秸秆还田方式的研究表明，不同还田方式的水稻产量表现为秸秆促腐还田模式＞常规还田模式＞不还田。水稻—小麦和水稻—油菜两种轮作模式下，小麦秸秆全量旋耕还田更有利于固持稻田土壤有机碳并增加水稻产量。于洋等（2024）依托东北黑土区保护性耕作长期定位试验平台发现，免耕33％秸秆覆盖处理既能促进养分循环，提高秸秆利用效率，提升黑土质量，又能最大限度保证农民收入。牟云芳等（2024）通过不同秸秆还田量覆盖的田间试验研究结果建议，玉米秸秆还田配施氮肥模式为 9 000 kg/hm² 秸秆还田量配施 210 kg/hm² 氮肥，该秸秆还田量和施肥量研究为河套灌区盐碱地综合改良及实现资源高效利用提供了科学依据。杨铭等（2023）探究轮耕模式与秸秆还田量对小麦—花生轮作田土壤碳、氮及相关酶活性变化的影响，通过 3 年定位试验发现免耕/深松/秸秆全量还田处理是一种较好的保护性耕作措施。隽英华等（2023）研究结果表明在东北农业产区，秸秆粉碎翻压还田＋210 kg/hm² 氮肥＋15％氮肥后移的秸秆还田模式具有优化氮素管理、提高土壤肥力的潜力。

基于此，编者通过收集 152 篇文献，获取 676 对样本数据，针对不同秸秆还田量、还田方式等因素综合分析秸秆还田对水稻、油菜、小麦、玉米 4 种主要农作物产量的影响（图 1－1）。研究表明，秸秆还田有利于 4 种主要农作物产量的提升，随着秸秆还田量的增加，秸秆还田对作物产量的平均增产率由 5.9％增至 10.2％。在低量（≤6 000 kg/hm²）秸秆还田的条件下，旱季作物（玉米、小麦、油菜）均表现出增产的优势，增产率为 8.5％～10.2％；低量秸秆还田对水稻的增产效果不显著。在中量（6 000～9 000 kg/hm²）秸秆还田的条件下，秸秆还田能够提高 4 种农作物的产量，增产率达到 6.4％～11.6％。当秸秆还田量＞9 000 kg/hm² 时，秸秆还田对水稻、油菜的增产效果不明显。

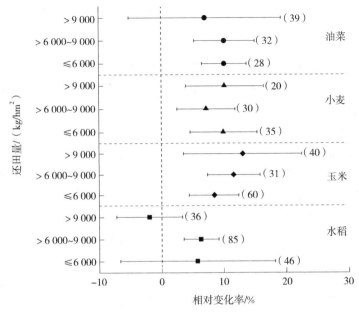

图 1-1 不同秸秆还田量对产量的影响

注：括号内的数字表示样本数，下同。

第二节 秸秆还田方式对农作物产量的影响

秸秆还田的方式主要包括秸秆翻压还田和覆盖还田，随着保护性耕作在全球的开展，免耕覆盖还田受到人们的普遍关注，但它能否适应我国的现实国情还有待评估。

在中国北方干旱半干旱地区，秸秆粉碎旋耕还田后土壤墒情迅速减少，且秸秆在干燥情况下也不能快速腐解，严重制约了农民进行秸秆还田以及培肥地力的积极性（王喜艳等，2014）。同样，对于黄淮海地区，土壤紧实、旱涝频发，耕层变浅和土壤蓄水保墒能力低，而免耕会显著降低该地区冬小麦出苗率，导致越冬期小麦生长发育缓慢，不利于冬小麦根系下扎以及吸收土壤深层水分和养分

（杨杰瑞，2014）。相关研究表明，深翻（30 cm）比旋耕（20 cm）更有利于消除土壤不利影响，能够提高冬小麦和玉米的抗倒伏能力，增加产量、提高土壤水分利用效率（李波等，2013；杨杰瑞，2014）。

不同的耕作措施可以改变土壤的耕层结构，使作物可以更好地生长，根系得到更好的伸长发展，使作物的产量增加。研究表明，耕层深度为0～35 cm与全耕层秸秆深混还田可使玉米和大豆的产量提高，其产量分别为8 999 kg/hm² 和2 424 kg/hm²，其中玉米产量增加最显著（邹文秀等，2016）。赵红香（2021）研究结果发现深松处理条件下，小麦的株高、叶面积、干物质积累量比翻耕和旋耕处理要高，净光合速率与气孔密度也较高，个体壮群体适宜生物量大。与传统耕作相比，东北黑土地区整体来说深耕显著增产12.3％。平坦区域适宜深耕，陡坡耕地适宜保护性耕作（蒋发辉等，2022）。

秸秆覆盖对作物产量的影响存在很大的不确定性，增产、减产或平产的情况均有出现。热带地区秸秆覆盖还田降低了土壤温度，增加了土壤的含水量，同时也显著提高了玉米产量，3年平均的增产幅度可达到40.1％。在南亚地区许多研究者也发现，秸秆覆盖有较好的增产效应。Ghosh等（2006）的试验显示，小麦秸秆覆盖能够促进花生的增产。而Chakraborty等（2008）研究表明，在半干旱地区的水稻秸秆覆盖不仅能够显著增加小麦的产量，而且可减少水分的消耗，提高水分利用效率；同时，水稻秸秆覆盖在小麦季也提高了氮肥的利用效率。Ramakrishna等（2006）的研究结果表明，水稻秸秆覆盖秋季和春季均增加了花生的产量，平均的增产幅度可达54.5％。而在欧洲部分地区，经过研究秸秆覆盖还田对马铃薯产量的影响，其中有5个试验显示略有增产，其余的7个试验则显示略有减产，但在所有的试验中覆盖与不覆盖处理的产量的差异均未达到统计学上的显著性水平（Döring et al.，2005）。Kravchenko和Thelen（2007）3年试验中有2年小麦秸秆覆盖还田对玉米的产量并无明显的影响，但有1年导致了玉米产量的显著降低。同样，长期定位试验的结果发现，有多年秸秆覆盖没有表现出明显的产量效应，仅有几年秸秆覆盖则导致了玉米的明显减产（Dam et al.，2005）。

综合以上的结果来看，秸秆覆盖对作物产量的影响方向和大小可能受到气候条件的影响，秸秆覆盖能够导致作物明显增产的试验多出现在热带和亚热带的干旱和半干旱地区，或者是季节性干旱较为严重的地区，这些地区光温资源过剩、水分资源不足，秸秆覆盖的保湿效应可为作物的出苗、生长及发育提供一个较为良好的环境，从而促进作物产量的提高。而秸秆覆盖的产量效应不明显或者是导致产量降低的试验多出现在暖温带或温带地区，在这些地区作物春季播种或冬季作物返青时光温资源不足，土壤温度较低，不利于作物的出苗及生长，而秸秆覆盖的降温效应会使这种情况进一步恶化。如果作物生长的过程中水分资源不足，秸秆覆盖的保湿效应可以弥补覆盖导致的低温对作物生长造成的不良影响，从而使产量不降低或者增产。如果水分资源充足，秸秆覆盖的保湿作用得不到发挥，则可能导致减产。王丹丹等（2018）研究沙壤土质下水稻—小麦轮作对土壤和水稻产量的影响，发现短期免耕与秸秆还田显著降低土壤肥力并导致作物减产。

秸秆翻压还田对作物产量的影响也存在一定的争议，特别是在还田时间较短的情况下。经过连续 7 年的试验结果表明，在最初 2 年秸秆翻压还田导致小麦产量的明显降低，但在随后的 5 年秸秆翻压还田则表现出一定的增产效应；同时，在 3 个试验点上比较了秸秆翻压还田对作物产量的影响，发现秸秆还田的产量效应不明显，相似的结果也出现在 Brennan 等（2014）的研究中。而 Bakht 等（2009）和 Kaewpradit 等（2009）则发现，秸秆翻压还田导致了作物产量的显著增加。秸秆的碳氮比较高，翻压进入土壤之后容易导致土壤无机氮的生物固定，当土壤肥力较低或者是氮肥施用不合理时，秸秆翻压的这种效应可能不利于作物的生长，导致减产；相反，如果土壤肥力较高或者氮肥施用合理，氮不再是作物生长的主要限制因子，秸秆翻压的其他有益效应则可能促进作物产量的提高，这可能是秸秆翻压还田对作物产量的影响不确定的一个重要原因。Limon-Ortega 等（2000）的研究很好地证实了这一推测，他们发现在不施氮肥或氮肥用量较低时，秸秆翻压还田导致小麦的减产，但随着氮肥用量的增加这种情况可以得到有效的逆转。

除秸秆直接还田外，秸秆炭化还田也是目前一种重要的秸秆还田方式。尽管秸秆直接还田在提高土壤肥力及增产等方面具有一定的优势，但在华北平原冬小麦—夏玉米轮作系统中，单季作物秸秆产量大且秸秆还田与下茬作物播种时间间隔短，使秸秆腐解过程中需要增加额外的氮素以调节碳氮比，同时秸秆自身所携带的虫卵等病虫害在粉碎还田过程中难以灭杀。因此，长期大量秸秆直接还田将导致农业生态系统中的病虫害增加、微生物与作物争氮等不利影响，从而影响氮素有效性以及作物生长与产量。在高温裂解生成生物炭过程中可有效灭杀秸秆携带的虫卵等病虫害，且自身含有较为丰富的氮、磷、钾等营养元素，其还田后可在一定程度上避免秸秆直接还田所带来的不利影响。

不同的生物炭类型对农作物生长和产量的影响各异。通过对比水稻秸秆炭、水稻谷壳炭、果木木炭 3 种不同类型的生物炭对水稻产量的影响研究发现，适宜的施炭量能促进水稻干物质积累和产量的提高，其中秸秆炭和谷壳炭对水稻株高、分蘖数、生物量的增加效果优于木炭（陈芳等，2019）。Jones 等（2012）研究发现，生物炭处理对农作物生长发育的影响与还田年限有关，前两年施用生物炭对作物的株高和生物量没有显著影响，但在第三年则表现为显著增加。荣飞龙等（2020）在酸性水稻土中研究发现，水稻地上干物质量与产量随生物炭施用量的增加逐渐增加，同时发现一次施入高量生物炭对水稻生长和增产的持续效应高于低量生物炭。然而，也有研究指出生物炭施用量对农作物产量的促进作用具有一定的范围，适量的生物炭还田可以实现玉米增产，而过量的生物炭施用对产量产生负面影响。程效义等（2016）在棕壤土中的研究同样指出，20 t/hm^2 的玉米秸秆生物炭可以更好地促进玉米干物质积累及产量的提高，而 40 t/hm^2 的玉米秸秆生物炭则表现出抑制玉米生长的现象，使玉米产量降低 13.88%。

基于不同秸秆还田方式对作物产量的影响，通过 meta 分析，我们明确了秸秆直接还田增产率平均为 10.5%，间接还田增产率平均为 11.3%，4 种主要农作物增产率的变化无显著性差异（图 1-2）。直接还田中，翻压还田在水稻、小麦、油菜及玉米的增产效果（增产率平均 11.45%）高于覆盖还田（增产率平均 10.64%）。秸秆还田不同翻压深度下的增产率存在较大差异，翻压深度在 10～20 cm 的水稻、小麦、油菜及玉米增产率（平均 12.21%），比翻压深度在 0～10 cm（平均 9.22%）及 20～30 cm（平均 9.55%）的分别高 2.99 个百分点及 2.66 个百分点。

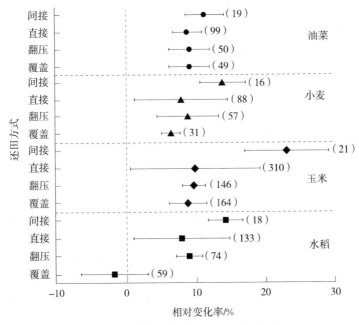

图 1-2 不同秸秆还田方式对产量的影响

第三节　秸秆还田年限对农作物产量的影响

秸秆还田因其对土壤肥力和作物产量的有益影响而被视为秸秆施用的环境友好型模式。因此，农作物秸秆还田在农业领域得到广泛应用。国内外长期定位试验显示，长期秸秆还田具有培肥和增产的正效应（孙国峰等，2023）。但是短期秸秆还田是否促进作物生长和增产还存在争议。杨思存等（2005）研究认为，秸秆还田抑制作物前期的生长，但随着时间的延长和温度的升高，后期产生促进作用。在一项为期 8 年的研究中，将秸秆掺入田间（混合或切碎）导致小麦和玉米的年产量高于对照处理（Zhao et al.，2018）。土壤质量和作物产量会受到不同的耕作方法和秸秆管理方法的影响。另一项研究报告称，小麦秸秆还田和犁耕通过改变作物养分吸收、利用和转移来影响作物生长，从而提高了土壤肥力（Zhao et al.，2021）。一项为期 5 年的田间试验还发现，每年还田玉米秸秆，每 2 年深耕一次，可以促进 10～40 cm 土层根长密度，提高籽粒产量（Chen et al.，2020）。此外，Wang（2019）发现与油菜—水稻轮作模式的秸秆覆盖相比，犁耕结合秸秆还田是一种更合适的秸秆还田方法。采用"秸秆还田播种"的新型种植模式，在不减少穗粒数和千粒重的情况下提高了粮食产量。

秸秆腐解速率受到内外多种因素的影响，其中秸秆种类、土壤水分和温度最为重要。在淹水高温的稻田条件下，小麦、水稻和油菜秸秆在 30 d 内的腐解速率最快，尤其是在 7 d 时微生物活性最强，也最容易发生固氮作用。因此，应避开这段时间进行秧苗移栽。而低温少雨旱作的情况下，作物秸秆腐解速率低于水田。小麦季，水稻秸秆翻压腐解 10 d 以上微生物固氮作用开始降低，整个生育期间可以释放的氮素为 6～9 kg/hm²，虽然秸秆还田加入氮肥对小麦产量没有影响，但是可能会降低氮肥的回收率（董亮等，2014）。夏炎（2010）研究表明，秸秆还田以旱作小麦增产效果最好，增产效应随持续还田年限增加而增强。但当季麦秆还田会对水稻分蘖产生短暂的抑制作用，但这种抑制作用会随着还田年限的增加而降低。

　　近年来，国内外学者对秸秆还田对作物的增产效果有不同结论，总体上表现为增产、无影响和减产，造成此差异的主要原因是作物的增产效果受秸秆还田年限、还田量、当地环境和水肥管理等因素的制约。研究表明，秸秆还田当年，还田的秸秆在作物生长期内分解会影响作物叶面积和根茎生长，导致当季作物产量降低（牛芬菊等，2014）。秸秆连续还田对作物产量具有一定增产作用。邓智惠等（2015）在辽宁玉米单作定位试验研究表明，玉米秸秆还田第一年作物减产，连续还田的第三年出现增产效果。Liu 等（2014）对全球 176 个秸秆还田试验数据进行 meta 分析表明，秸秆还田后 10～14 年内使作物产量增加 6.5%，在 15～19 年内增加 6.8%，在 20～24 年内增加 6.9%，在 25～30 年内增加 8.3%。Lehtinen 等（2014）对欧洲 41 个长期试验结果进行整合分析表明，秸秆还田可提高作物产量 6.0%。这主要是因为长期秸秆还田后，土壤碳、氮、磷等养分得到了明显改善，始终保持在较高水平，因此，长期秸秆还田的增产效果会显著提高（Zhang et al.，2016）。杨轶图等（2016）对吉林省秸秆还田资源利用方式进行研究发现，连续 2～3 年实施玉米机械秸秆还田，可增加土壤有机质、有效磷、全氮和速效钾的含量，其中有效磷和速效钾含量增幅最高，分别平均达 40% 和 30%，相当于每公顷减少化肥投入 1 458 元。西北地区研究玉米秸秆还田后土壤养分的变化发现，短时间内（15 d）秸秆进入快速腐熟阶段，此时有机质含量升高；15 d 后秸秆进入慢速腐熟阶段，此时土壤有机质含量降低且有机质含量下降度与秸秆还田量负相关。同时，在对土壤全氮进行研究发现，随着秸秆还田量的增加，秸秆对土壤全氮消耗的缓冲效果先大后小。由此说明，在短期内秸秆进入快速腐熟阶段，此时秸秆腐解需要消耗大量氮，因而秸秆量越大，土壤全氮含量越低；但是随着秸秆腐解进入慢速阶段后，秸秆还田量越大，全氮下降越缓慢，这就意味着秸秆有抑制氮流失的作用。

　　因秸秆养分释放规律的不同，秸秆还田年限成为影响还田效果的重要因子，综合分析短期与长期还田对作物增产率的影响发现（图1-3），与不还田相比，秸秆还田对全部作物（水稻、油菜、小麦、玉米）增产率的影响随着还田年限的增加而增加，增幅在0.5％～4.7％。从秸秆还田年限对不同作物的增产率的影响来看，短期秸秆还田（3～5年）对玉米和水稻增产率的影响较为显著，分别达到13.4％和7.9％，而对油菜和小麦增产率的影响不显著；长期秸秆还田（＞10年）对玉米的增产率影响最为显著，增产率达到18.3％，其次是小麦（15.5％）、水稻（13.3％）、油菜（11.9％）。

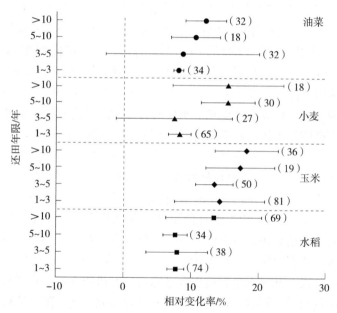

图1-3　不同秸秆还田年限对产量的影响

主要参考文献

陈芳，张康康，谷思诚，等，2019. 不同种类生物质炭及施用量对水稻生长及土壤养分的影响. 华中农业大学学报，38（5）：57-63.

程效义，张伟明，孟军，等，2016. 玉米秸秆炭对玉米物质生产及产量形成特性的影响. 玉米科学，24（1）：117-122，129.

单玉华，蔡祖聪，韩勇，等，2006. 淹水土壤有机酸积累与秸秆碳氮比及氮供应的关系. 土壤学报，43（6）：941-947.

胡乃娟，韩新忠，杨敏芳，等，2015. 秸秆还田对稻麦轮作农田活性有机碳组分含量、酶活性及产量的短期效应. 植物营养与肥料学报，21（2）：371-377.

江恒，2019. 有机物输入量对黑土结构性质及其季节性变化的影响. 哈尔滨：中国科学院大学（中国科学院东北地理与农业生态研究所）.

蒋发辉，钱泳其，郭自春，等，2022. 基于 Meta 分析评价东北黑土地保护性耕作与深耕的区域适宜性：以作物产量为例. 土壤学报，59（4）：935-952.

隽英华，何志刚，刘慧屿，等，2023. 秸秆还田与氮肥运筹对农田棕壤微生物生物量碳氮及酶活性的调控效应. 土壤，55（6）：1223-1229.

李波，魏亚凤，季桦，等，2013. 水稻秸秆还田与不同耕作方式下影响小麦出苗的因素. 扬州大学学报（农业与生命科学版），34（2）：60-63.

李波，魏亚凤，汪波，等，2013. 水稻秸秆还田和耕作方式对小麦抗倒伏能力的影响. 麦类作物学报，33（4）：758-764.

孟庆英，邹洪涛，韩艳玉，等，2019. 秸秆还田量对土壤团聚体有机碳和玉米产量的影响. 农业工程学报，35（23）：119-125.

牟云芳，史海滨，闫建文，等，2024. 秸秆和氮肥耦合管控对盐渍化土壤地力综合效应的影响. 农业环境科学学报，43（8）：1771-1785.

荣飞龙，蔡正午，覃莎莎，等，2020. 酸性稻田添加生物炭对水稻生长发育及产量的影响——基于 5 年大田试验. 生态学报，40（13）：4413-4424.

孙国峰，孙仁华，周炜，等，2023. 长期秸秆还田对水稻产量与田面水环境的影响. 中国稻米，29（5）：57-61.

唐海明，肖小平，李超，等，2019. 不同土壤耕作模式对双季水稻生理特性与产量的影响. 作物学报，45（5）：740-754.

吴玉红，郝兴顺，田霄鸿，等，2017. 秸秆还田对汉中盆地稻田土壤有机碳组分、碳储量及水稻产量的影响. 水土保持学报，31（4）：325-331.

武际，郭熙盛，鲁剑巍，等，2012. 连续秸秆覆盖对土壤无机氮供应特征和作物产量的影响. 中国农业科学，45（9）：1741-1749.

杨杰瑞，2014. 不同翻耕模式与秸秆还田对豫中区麦田土壤理化性状影响的研究. 新乡：河南师范大学.

杨铭，贾利元，王红军，2023. 轮耕模式与秸秆还田量对土壤碳氮及相关酶活性变化的影响. 山东农业科学，55（12）：119-126.

于洋，张常仁，杨雅丽，等，2024. 长期免耕和秸秆覆盖量对黑土碳氮含量及碳氮循环相关酶活性的影响. 应用生态学报，35（3）：695-704.

曾木祥，王蓉芳，彭世琪，等，2002. 我国主要农区秸秆还田试验总结. 土壤通报，33（5）：336-339.

赵红香，迟淑筠，宁堂原，等，2013. 科学耕作与留茬改良小麦—玉米两熟农田土壤物理性状及增产效果. 农业工程学报，29（9）：113-122.

周文涛，毛燕，唐志伟，等，2021. 长期定位试验不同耕作方式与秸秆还田对水稻产量和稻米品质的影响. 中国稻米，27（5）：45-49.

邹文秀，陆欣春，韩晓增，等，2016. 耕作深度及秸秆还田对农田黑土土壤供水能力及作物产量的影响. 土壤与作物，5（3）：141-149.

Bakht J，Shafi M，Jan M T，et al.，2009. Influence of crop residue management，cropping system and N fertilizer on soil N and C dynamics and sustainable wheat（*Triticum aestivum* L.）production. Soil and Tillage Research，104：233-240.

Brennan J，Hackett R，McCabe T，et al.，2014. The effect of tillage system and residue management on grain yield and nitrogen use efficiency in winter wheat in a cool Atlantic climate. European Journal of Agronomy，54：61-69.

Chakraborty D，Nagarajan S，Aggarwal P，et al.，2008. Effect of mulching on soil and plant water status，and the growth and yield of wheat（*Triticum aestivum* L.）in a semi-arid environment. Agricultural Water Management，95：1323-1334.

Dam R F，Mehdi B B，Burgess M S E，et al.，2005. Soil bulk density and crop yield under eleven consecutive years of corn with different tillage and residue practices in a sandy loam soil in central Canada. Soil and Tillage Research，84：41-53.

Döring T F，Brandt M，Heß J，et al.，2005. Effects of straw mulch on soil nitrate dynamics，weeds，yield and soil erosion in organically grown potatoes. Field Crops Research，94（2-3）：238-249.

Ghosh P K，Dayal D，Bandyopadhyay K K，et al.，2006. Evaluation of straw and polythene mulch for enhancing productivity of irrigated summer groundnut. Field Crops Research，99：76-86.

Jones D L, Rousk J, Edwards-Jones G, et al. , 2012. Biochar-mediated changes in soil quality and plant growth in a three-year field trial. Soil Biology and Biochemistry, 45: 113-124.

Kaewpradit W, Toomsan B, Cadisch G, et al. , 2009. Mixing groundnut residues and rice straw to improve rice yield and N use efficiency. Field Crops Research, 110: 130-138.

Kravchenko A G, Thelen K D, 2007. Effect of winter wheat crop residue on no-till corn growth and development. Agronomy Journal, 99: 549-555.

Li H, Dai M, Dai S, et al. , 2018. Current status and environment impact of direct straw return in China's cropland - A review. Ecotoxicology and Environmental Safety, 159: 293-300.

Limon-Ortega A, Sayre K D, Francis C A, 2000. Wheat and maize yields in response to straw management and nitrogen under a bed planting system. Agronomy Journal, 92: 295-302.

Ramakrishna A, Tam H M, Wani S P, et al. , 2006. Effect of mulch on soil temperature, moisture, weed infestation and yield of groundnut in northern Vietnam. Field Crops Research, 95: 115-125.

Suriyagoda L, De Costa W A J M, Lambers H, 2014. Growth and phosphorus nutrition of rice when inorganic fertilizer application is partly replaced by straw under varying moisture availability in sandy and clay soils. Plant and Soil, 384: 53-68.

Witt C, Cassman K, Olk D, et al. , 2000. Crop rotation and residue management effects on carbon sequestration, nitrogen cycling and productivity of irrigated rice systems. Plant and Soil, 225: 263-278.

Xu J L, Hu N J, Zhang Z W, et al. , 2016. Effects of continuous straw returning on soil nutrients and carbon pool in rice-wheat rotation system. Soils, 48: 71-75.

Yang C M, Yang L Z, Yang Y X, 2004. Rice root growth and nutrient uptake as influenced by organic manure in continuously and alternately flooded paddy soils. Agricultural Water Management, 70: 67-81.

Zhao H, Shar A G, Li S, et al. , 2018. Effect of straw return mode on soil aggregation and aggregate carbon content in an annual maize-wheat double cropping system. Soil and Tillage Research, 175: 178-186.

Zhao Y, Zhang Y, Zhang Y, et al. , 2021. Effects of 22-year fertilisation on the soil organic C, N, and theirs fractions under a rice-wheat cropping system. Archives of Agronomy and Soil Science, 67: 767-777.

Zhu L Q, Hu N J, Zhang Z W, et al. , 2015. Short-term responses of soil organic carbon and carbon pool management index to different annual straw return rates in a rice-wheat cropping system. Catena, 135: 283-289.

第二章　秸秆还田对土壤碳库的影响

第一节　秸秆还田对土壤碳组分的影响

　　土壤碳库主要包括土壤有机碳库和土壤无机碳库。土壤有机碳库组分较为复杂，对环境有一定的影响。早期对于土壤有机碳（SOC）组分分类主要根据其单一特性的差异进行，较难反映综合特征，土壤有机碳可以依据物理特性，如密度的不同，分为轻组有机碳和重组有机碳（张丽敏等，2014）；对于土壤有机碳组分中的颗粒有机碳（POC），根据其结合的团聚体大小和性质的不同，又分为大团聚体有机碳、微团聚体有机碳、矿物结合有机碳（MAOC）等；根据浸提剂的不同，可以划分为水溶性有机碳（DOC）、酸水解有机碳、易氧化有机碳（EOC）；依据其生物特性，可分为微生物生物量碳（MBC）和可矿化碳（李新华等，2016）。近年来，多数学者根据土壤有机碳生物稳定性和周转期的不同，将 SOC 组分归类为活性有机碳、慢性（缓效性）有机碳和惰性（稳定性）有机碳（Stockmann et al. ，2013），其中活性有机碳又包括 DOC、EOC 和 MBC（张仕吉等，2012），慢性（缓效性）有机碳包括 POC，惰性（稳定性）有机碳包括 MAOC。

　　DOC 是可溶于水或其他溶剂的土壤有机碳组分，枯枝落叶、微生物生物量、土壤有机肥料、土壤动物排泄物等都是它的主要来源，是最具动态特征的土壤有机碳组分，降雨与地表径流都会影响其迁移。其含量的大小可以反映土壤中潜在活性养分含量和周转速率，以及土壤养分循环和供应状况。MBC 用来表征土壤微生物活性及数量，反映土壤活性及土壤质量，是促使土壤中有机物和植物养分转化、循环的动力因素，是植物矿质养分的源和汇，是稳定态养分转变为有效态养分的催化剂（王清奎等，2005）。EOC 活性高，对土壤环境及土地管理模式更加敏感，可以用于表征土壤有机碳库的变化。总体来说，活性有机碳常用作土壤碳循环和有效养分变化周转的敏感指标。

POC 主要包括未分解或未分解完全的动植物残体，如地上植被掉落物或植物来源的木质素、细胞结构碎片、细根、根毛及动物排泄物等，在维持土壤碳库含量、稳定和改善土壤理化性质指标等方面具有重要意义。慢性（缓效性）有机碳是介于动植物残体和腐殖化有机物之间的有机碳形态，是活性向惰性有机碳转化的过渡性有机碳，可反映土壤有机碳的固定趋势（史奕等，2003）。也有研究将 POC 划分为活性有机碳。

MAOC 来源于微生物残体与代谢产物。惰性（稳定性）有机碳是与细粒矿物质紧密结合，不易被微生物分解或植物利用的土壤有机碳，由于其具有缓慢的周转速度、受环境变化的影响颇小，且在土壤有机碳组分中所占的比重也相对较小，对土壤总碳库稳定性的影响相对较弱，对外界环境的干扰相对不敏感，可作为土壤固碳潜力的可靠指标。从土壤肥力角度考虑，活性有机碳对环境变化响应更加敏感，是土壤养分的主要来源，极大影响土壤质量和生产力，但其驻留时间短，对土壤碳汇的贡献相对较少。因此，从土壤固碳角度考虑，稳定性有机碳含量的增加会更有利于土壤有机碳固定（彭新华等，2004）。

秸秆还田是增加土壤有机碳含量的重要途径。秸秆还田后，随着秸秆碳在土壤中的转化及其在土壤不同碳库中的分配，必将引起土壤各有机碳含量的动态变化，同时将会改变土壤中原有机质的矿化分解进程（杨艳华等，2019）。王虎等（2014）研究表明，秸秆覆盖还田有利于土壤有机碳活性组分积累，翻压还田有利于较稳定性有机碳组分积累。胡乃娟等（2015）研究表明，中、低量秸秆还田对提高土壤总有机碳和活性有机碳组分以及碳库管理指数方面有显著优势。李新华等（2016）研究认为，过腹还田相较于直接还田更有利于稳定性有机碳的积累，从而有利于碳的固定和保存。王丹丹等（2013）的研究表明，短期秸秆还田，随着还田量的增加土壤活性有机碳也在增加。

笔者团队通过收集国内外共 86 篇相关文献的 846 组数据，分析秸秆还田对土壤碳的影响研究发现，秸秆还田能够显著增加SOC 与各有机碳组分（图 2-1）。总体来看，秸秆还田对 SOC 的增加幅度为 9.12%，其中 POC 的增幅最大，达到 30.34%，其次是 MBC（25.53%）、EOC（21.53%）、DOC（21.39%）。MAOC属于惰性有机碳，其增加幅度最小，为 5.71%。相比较于土壤惰性有机碳，活性有机碳组分更容易受到秸秆还田的影响，其增加幅度均大于土壤惰性有机碳。通过线性回归分析研究 SOC 与不同有机碳组分之间的关系，结果表明 POC、MAOC、EOC 和 MBC 的效应值与 SOC 效应值呈显著正相关关系，MAOC、DOC 和 EOC的效应值与 POC 的效应值存在显著正相关关系，DOC 和 EOC 的效应值与 MBC 的效应值存在显著正相关关系。

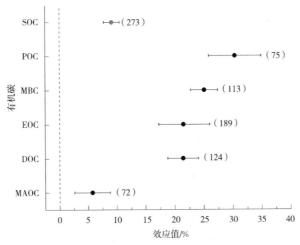

图 2-1　秸秆还田对土壤有机碳及不同有机碳组分效应值的影响

从农艺措施来看，不同还田量均显著影响了 SOC、DOC 和 MBC 的效应值（图 2-2），对于 MAOC 只有还田量＞12 000 kg/hm² 时秸秆还田的效果显著。回归分析表明，还田量与 SOC 和 DOC 的效应值存在显著正相关关系。伴随着还田量的增加，秸秆还田提高 POC、MAOC 和 DOC 的效果也在不断增加，还田量的改变对 EOC 的增加效果没有显著差异。

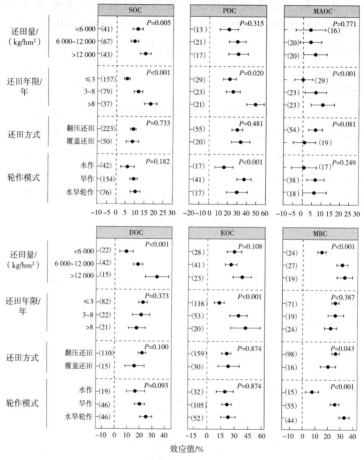

图 2-2　不同农艺措施对秸秆还田土壤有机碳组分效应值的影响

注：P 表示亚组内部差异的显著性水平。

还田年限显著影响了 SOC、POC 和 EOC 的效应值（图 2 - 2），中期（3~8 年）和长期（>8 年）秸秆还田对于 MAOC 影响效果显著。回归分析表明，还田年限与 SOC、EOC、POC 和 MAOC 的效应值呈显著正相关关系（图 2 - 3），还田年限的改变对 MBC 的增加效果没有显著差异。

从秸秆直接还田方式来看，秸秆翻压还田对 MBC 的提升效果显著高于覆盖还田，但不同的秸秆还田方式对于其他有机碳组分的提升效果没有差异。从种植方式来看，旱作秸秆还田提高 POC 的效果显著高于水作；而旱作和水旱轮作在秸秆还田提高 MBC 的效果方面显著高于水作，不同种植方式秸秆还田提高 SOC 和 EOC 的效果没有差异。与旱作不同，水作秸秆还田对 MAOC 的提高效果不显著（图 2 - 2）。

通过分析土壤性质、气候特征对秸秆还田影响 SOC 和有机碳组分的差异（图 2 - 4）发现，初始土壤有机碳含量显著影响了 SOC、MAOC、MBC 和 DOC 的效应值。回归分析表明，初始土壤有机碳含量与 SOC 的效应值之间存在显著负相关关系，即随着土壤初始有机碳含量的增加，秸秆还田提高 SOC、MBC、DOC 和 MAOC 的幅度受限。土壤 pH 显著影响 MBC、DOC 和 MAOC 的效应值。土壤 pH 为中性（6.5~7.5）时，秸秆还田对 MBC 和 MAOC 的提升作用显著优于酸性（<6.5）和碱性（>7.5）土壤。秸秆还田提升 DOC 的幅度随土壤 pH 的升高而增大。

从气候因子来看，降水量显著影响了 SOC 和 EOC 的效应值，在较干旱的地区（年均降水量<800mm）秸秆还田对 SOC 和 EOC 的提高幅度显著高于较湿润的地区（年均降水量≥800mm）（图 2 - 4）。回归分析显示，年均降水量与 SOC 和 EOC 的效应值存在显著负相关关系（图 2 - 5）。年均温度显著影响了 EOC 和 MBC 的效应值，在较寒冷的地区（年均温度<10℃）秸秆还田对 EOC 和 MBC 的提高幅度显著高于较温暖的地区（年均温度≥10℃）。在较温暖的地区，秸秆还田提高 MAOC 的效果显著。

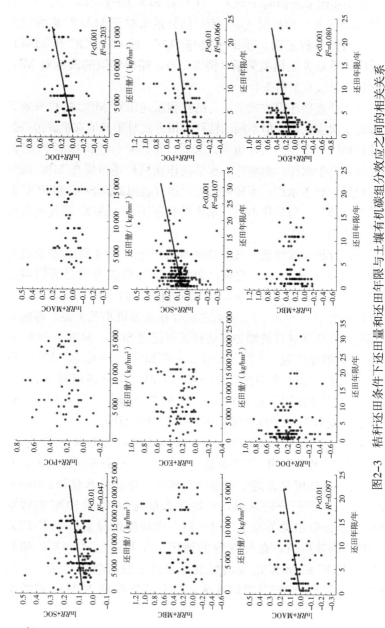

图2-3　秸秆还田条件下还田量和还田年限与土壤有机碳组分效应之间的相关关系

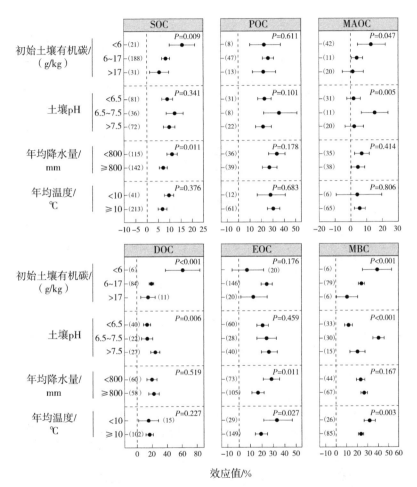

图 2-4　气候因素和土壤性质对秸秆还田土壤有机碳组分效应值的影响

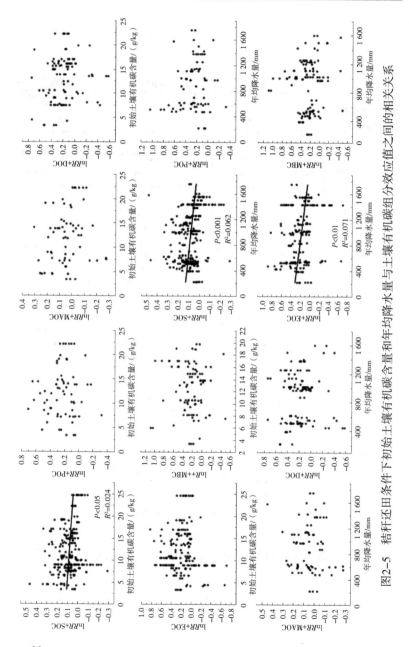

图2-5 秸秆还田条件下初始土壤有机碳含量和年均降水量与土壤有机碳组分效应值之间的相关关系

　　通过随机森林分析研究了秸秆还田对土壤有机碳组分的影响（图 2-6）发现，除还田方式以外其他农艺措施和环境因素都会影响秸秆还田条件下 SOC 的响应。总体来看，还田量、年均降水量、还田年限和初始土壤有机碳含量是影响秸秆还田条件下 SOC 提升的重要因素。气候特征是影响秸秆还田条件下 POC 与 MAOC 最重要的因素。EOC 对秸秆还田的响应受到农艺措施和环境因素的影响，其中年均降水量影响最大。土壤基础理化性质中的土壤 pH 和初始有机碳含量是影响秸秆还田条件下 MBC 变化最重要的两个因素。通过通径分析得到秸秆还田后土壤有机碳各组分对 SOC 的贡献值，其中秸秆还田后 SOC 主要受到 MAOC 的影响，其次是 POC 的影响，其余组分的影响较小。

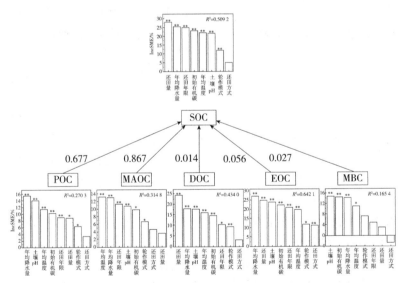

图 2-6　外界因素对秸秆还田有机碳组分响应的重要性排序与有机碳组分对土壤有机碳贡献的通径分析

　　注：采用加权随机森林法分析各变量的重要性值，R^2 表示加权随机森林模型的解释度。星号表示土壤有机碳组分对秸秆还田的响应差异显著（显著性水平为 ＊，＜ 0.05；＊＊，＜ 0.01；＊＊＊，＜ 0.001）。

第二节 秸秆还田对土壤碳积累的贡献

土壤有机质是农田地力的基础指标，也是农田质量评估的重要指标，对提升作物产量和保护国家粮食安全十分重要。而秸秆还田作为一种重要的农业技术，能够改善土壤质量、提升土壤有机质含量、增强土壤肥力（田慎重等，2016）。秸秆还田作为一种农田管理实践，对土壤有机碳含量的积累具有重要影响。首先，秸秆还田为土壤提供了丰富的碳源，这些碳源为土壤微生物的繁殖和代谢提供了必需的能量和原料。这种增加的微生物活动促进了土壤中有机质的降解和转化，加速了土壤中有机碳的循环和更新过程（王美琦等，2022）。此外，秸秆还田有助于改善土壤的物理特性。通过秸秆的添加，土壤的结构得到了改善，土壤颗粒间的间隙增加，形成了更多的土壤孔隙。这些孔隙不仅增加了土壤的通气性，有利于土壤中微生物的呼吸作用，也提高了土壤的水分保持能力（范倩玉等，2020）。良好的通气性和水分保持能力为土壤微生物提供了更适宜的生长环境，促进了它们的繁殖和代谢活动。同时，秸秆还田的实施增强了土壤团聚体的稳定性，团聚体在土壤中形成了稳定的结构，有助于减少土壤侵蚀和土壤质地的改变。秸秆的添加也增加了土壤的容积，扩大了土壤的孔隙度，使土壤更加松散通透，这种良好的土壤结构为有机质的积累提供了良好的环境条件。这一有效措施不仅有助于增加土壤有机碳含量、改善土壤质量，还能促进农田生态系统的健康。

秸秆还田在土壤有机碳含量提升上具有巨大的潜力，而长期定位试验更有助于揭示秸秆还田对于土壤有机碳含量提升的特征。Zhang 等（2021）在华北平原进行了长期田间试验（1985—2017年），试验采用不同的耕作方式、不同的矿物肥料和秸秆施用比例，结果表明，土壤有机碳含量在前 15 年中迅速增加，而添加秸秆处理的有机碳含量通常比不添加秸秆处理增加得更快。赵宇航等（2024）通过长期定位试验发现，不同的秸秆还田方式均能提高土壤有机碳含量，并以过腹还田提升幅度最大；郭戎博等（2023）通过11年的定位试验发现，秸秆还田能显著提高土壤碳累积投入量70.8％，但对土壤有机碳储量影响不显著；向姣等（2022）的研究表明，化肥配施秸秆还田处理下有机碳积累高于不施肥与单施化肥处理。

　　土壤团聚体是指由土壤中颗粒和有机物质黏合而成的结构单位，在土壤中扮演着重要的角色。土壤团聚体对土壤结构的形成和稳定至关重要（Chaplot et al.，2015）。它们通过将细小的土壤颗粒聚集在一起，形成更大的结构单位，从而增加了土壤的稳定性（Rabbi et al.，2015），还有助于水分和气体的渗透、排水和气体交换，能提高土壤的保水性和保肥性（Yoo et al.，2011；李景等，2015）。团聚体的水稳性机制很大程度上关系到土壤有机碳的固定，土壤中的有机碳含量对团聚体在土壤中的分布和各粒径团聚体占比具有重要影响，而不同性质和来源的土壤有机碳对团聚体稳定性和分布的影响并不相同，并且会改变土壤团聚体的粒级分布和稳定特征，影响团聚体物理保护机制，最终通过降低分解速率来提升土壤碳、氮储量（虞舟鲁等，2017）。根据皇甫呈惠（2020）对不同模式的长期秸秆还田定位试验的研究，两季秸秆还田配施氮肥处理更有助于促进大团聚体的形成，提高了团聚体的稳定性以及各粒级团聚体中的土壤有机碳含量。其中对土壤有机质提供最低限度的物理保护是大团聚体（>0.25 mm）（Six et al.，2004；Kubar et al.，2020），而决定土壤有机质长期稳定的是微团聚体（Totsche et al.，2017）。反之，由于不同粒径团聚体对有机质的保护能力不同，也影响着有机碳和全氮的含量在不同粒径之间团聚体内分布。对于此，国内外的学者已有许多研究，但是不同研究中不同粒径团聚体上碳、氮分布情况规律并不一致。Xu等（2020）开展了360 d培养试验，其中包括¹³C同位素标记的秸秆还田处理，结果表明有13％～23％的秸秆碳存在于>0.25 mm粒径的团聚体中，5％的秸秆碳存在于0.25～0.053 mm粒径团聚体中，而低于2％的秸秆碳存在于<0.053 mm的粉-黏粒之中。

通过定位试验研究发现，稻—油轮作连续 7 年秸秆直接还田或炭化还田均提高了 0～20 cm 土壤有机碳含量（图 2－7）。其中双季秸秆炭化还田（NPK＋Br/Bo）处理在后期具有最高的土壤有机碳储量。相较于初始土壤，不施氮肥（PK）处理与单施化肥（NPK）处理的土壤有机碳储量增幅最小，其次为双季秸秆直接还田（NPK＋Str/Sto）处理与水稻季秸秆炭化还田-油菜季秸秆直接还田（NPK＋Br/Sto）处理，它们的增幅显著低于双季秸秆炭化还田处理。

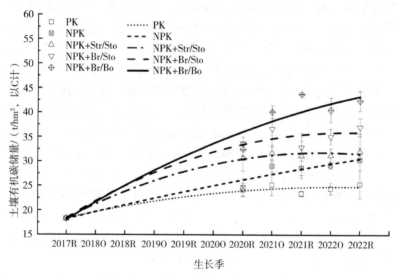

图 2－7　连续 7 年秸秆直接还田和炭化还田对稻—油轮作 0～20 cm 土壤有机碳储量的影响

注：R 为水稻收获后土壤，O 为油菜收获后土壤。

由土壤有机碳储量的变化计算固碳速率得到表 2－1，NPK 处理的固碳速率为 2.46 t/（hm² · 年）（以 C 计），NPK＋Br/Bo 处理具有最高的固碳速率［4.81 t/（hm² · 年）］，是 NPK 处理的 1.96 倍。其余不同秸秆还田方式处理的固碳速率为 2.74～3.74 t/（hm² · 年），为 NPK 处理的 1.11～1.52 倍。通过计算土壤固碳效率发现（图 2－8），与初始土壤相比，不同秸秆还田方式中 NPK＋Str/Sto、NPK＋

Br/Sto 以及 NPK＋Br/Bo 处理的固碳效率分别为 35.7％、42.5％
以及 71.0％，NPK＋Br/Bo 处理的土壤有机碳固定效率最高，为
NPK＋Str/Sto 处理的 1.99 倍，即 NPK＋Br/Bo 处理以三者中最
低的碳投入获得了最高的碳储量增长。

表 2-1　不同秸秆还田方式下土壤有机碳储量及固碳速率

处理	2017 年土壤有机碳储量/（t/hm²）	2022 年土壤有机碳储量/（t/hm²）	土壤固碳速率/［t/（hm²·年）］
PK	18.29	25.34±2.87	1.41
NPK	18.29	30.32±5.39	2.46
NPK＋Str/Sto	18.29	32.01±0.78	2.74
NPK＋Br/Bo	18.29	42.38±2.05	4.81
NPK＋Br/Sto	18.29	37.01±1.79	3.74

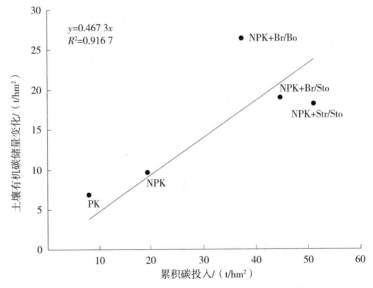

图 2-8　土壤有机碳储量变化与累计碳投入的关系

采用扫描电镜（SEM）观察4种粒径（＞2 mm、2～0.25 mm、0.25～0.053 mm、＜0.053 mm）团聚体的结构和形貌特征。土壤团聚体表面附着或穿插着腐殖质、黏粒和细根等物质，在粒径较大的土壤团聚体上差异更加明显。如图2-9对＞2 mm粒径团聚体电镜扫描结果中，团聚体呈现颗粒状和棱柱状（图2-9A～H）。在NPK＋Str/Sto处理的图2-9D与NPK＋Br/Bo处理的图2-9K中能看到，明显的秸秆或生物炭碎片穿插在土壤团聚体中。从图2-9A～C与图2-9D～L的比较中显示，NPK＋Str/Sto处理、NPK＋Br/Sto处理、NPK＋Br/Bo处理都具有与NPK处理相比更加粗糙的团聚体外貌特征和粉碎程度更高的团聚体结构，但其中NPK＋Str/Sto处理（图2-9D～F）具有较为完整光滑的团聚体表面。

进一步分析不同秸秆还田方式下团聚体的有机碳分布特征，如图2-10所示。在同一粒径下，比较不同处理的有机碳含量结果表明，有机碳含量在处理间的差异规律都是相同的，NPK＜NPK＋Str/Sto＜NPK＋Br/Sto＜NPK＋Br/Bo；随着粒径的减小，各处理间有机碳含量差异逐渐增大，在粒径＜0.053 mm团聚体处差异最大，其中NPK＋Br/Bo处理显著高于其他处理。而在同一处理中比较不同粒径团聚体有机碳含量分布规律，NPK、NPK＋Str/Sto以及NPK＋Br/Sto处理的有机碳含量都在0.25～0.053 mm粒径团聚体达到最大，分别为13.37 g/kg、19.05g/kg、22.00 g/kg，在＜0.053 mm组分团聚体处存在下降趋势；而NPK＋Br/Bo处理团聚体有机碳含量随着粒径减小而逐渐增加，在＜0.053 mm粒径团聚体处达到最大，为35.93 g/kg。

土壤团聚体在土壤生态系统中扮演着关键角色，能够调节多种重要过程，如储存有机碳、减少侵蚀、调节土壤通气和保水等（Six et al.，2004；Xue et al.，2019）。这些功能使得土壤团聚体成为维持土壤健康和生产力的重要因素。土壤团聚体的形成是一个复杂的过程，涉及土壤中的多种因素相互作用，包括土壤矿物颗粒（如沙粒、粉粒和黏粒）、土壤有机质、金属氧化物和生物等（Six

图 2-9　不同秸秆还田方式下土壤＞2 mm 粒径团聚体结构和形貌特征

　　注：图 A～C 为单施化肥（NPK）处理的扫描电镜图；图 D～F 为双季秸秆直接还田（NPK＋Str/Sto）处理；图 G～I 为水稻季秸秆炭化还田-油菜季秸秆直接还田（NPK＋Br/Sto）处理；图 J～L 为双季秸秆炭化还田（NPK＋Br/Bo）处理。

et al.，2004）。这一过程综合反映了土壤系统中物理、化学和生物因素的相互作用和复杂反应（Bronick et al.，2005）。通常情况下，秸秆和生物炭对土壤结构的改善作用已经得到了大量的研究证明，秸秆还田和生物炭投入等有机物料投入都在一定程度上提高了土壤大团聚体占比和土壤稳定性（Cao et al.，2021；Sun et al.，2022）。

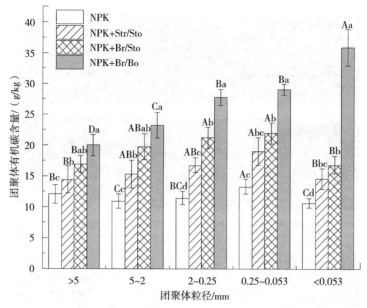

图 2-10　不同处理下土壤团聚体有机碳分布

注：不同大写字母表示同一处理下不同粒径团聚体之间差异达 $P<0.01$ 显著水平，不同小写字母表示同一粒径团聚体下不同处理之间差异达 $P<0.05$ 显著水平，下同。

第三节　秸秆还田固碳效率及其影响因素

一、秸秆还田固碳效率

在秸秆还田后，秸秆残留物被分解释放出的有机碳是土壤碳循环中碳的主要来源之一（劳秀荣等，2002）。这些有机物逐渐被土壤微生物分解，其中一部分被转化为稳定的有机质，长期存储在土壤中，从而实现了碳的长期固定。另一部分秸秆腐解产生的有机化合物遇到土壤或矿物颗粒，并在微生物活动下与之紧密胶连，形成稳定团聚体结构，提高土壤有机碳含量，增大了土壤中的碳库（Peng et al.，2016；Morris et al.，2019）。

对于土壤主要存在两种计算的方法：一种方法是计算目标年份

土壤的有机碳含量与试验初始年份土壤有机碳含量之差占外源投入碳量的百分比（蔡岸冬，2016）。但当后期土壤有机碳达到稳定状态时，利用本方法来计算固碳效率可能会导致其值被低估（Tirol-Padre et al.，2007；Thomsen et al.，2010）。另一种常用的计算方法是根据试验处理和空白对照处理土壤有机碳含量之差与输入碳量之比得到土壤固碳效率（Silver et al.，2001）。

对于秸秆还田条件下土壤碳固定，国内外的研究学者已经有诸多研究。基于我国长期试验站数据，Zhang 等（2010）分别计算了北方旱地不同地区不同质地的土壤固碳效率，不同地区土壤所得的秸秆还田固碳效率存在差异，这表明秸秆还田固碳效率受到多种因素的共同影响。通常情况下，随着秸秆还田量增加，土壤有机碳固存量也显著增加。然而，存在部分研究表明秸秆还田对土壤有机碳的固存并无显著影响，甚至可能导致土壤有机碳含量的降低（Liu et al.，2014）。Buysse 等（2013）在 50 年的长期秸秆还田试验中发现，秸秆施入并不会显著提高该试验中土壤有机碳含量。Wang 等（2011）研究发现，在全量秸秆还田的试验中，土壤有机碳含量不增反降（−19.7％）。而产生这种结果的原因可能是土壤中有机碳储量已达到饱和状态（Nicoloso et al.，2018）。

二、影响因素

秸秆还田的固碳效率受到多种因素的影响，包括气候、土壤、还田技术、秸秆特性以及农田管理等方面。

1. 气候条件

气候条件对秸秆分解和土壤有机碳的固定起着至关重要的作用，其中降水量和温度等因素尤为显著。这些气候条件直接影响着土壤中微生物活性水平、群落的构成和功能以及有机质的分解速度，进而对土壤中的碳循环产生重要影响，从而影响土壤固碳效率。在温暖湿润的气候条件下，高温和湿度促进了微生物的生长和代谢活动，从而加速了秸秆的分解速率。这导致了更快的有机质降解过程，释放了大量的二氧化碳和其他气体到土壤中，降低了土壤有机碳的含量。相反，在寒冷干燥的气候条件下，低温和干燥环境限制了微生物的活动，减缓了有机质的降解速率。这导致秸秆分解速度的减缓，减少了二氧化碳的释放量，有机碳更容易固定在土壤中，有利于土壤有机碳的积累（Davidson et al.，2006）。

温度和降水量是影响土壤有机碳固持和分解的主要气候因素。已有研究表明，陆地碳库含量随降水量的增加而增加，在相同的降水量时，土壤有机碳含量和温度负相关，降水量和温度共同决定着土壤有机碳含量的地带性分布。Zhang 等（2010）对中国北方旱地研究结果表明，土壤有机碳的固定速率随有效积温和年均降水量的升高而降低。土壤的水分含量的变化通过影响土壤的通气性，进而影响微生物对土壤有机碳的利用及固持。在干旱和半干旱地区，土壤有机碳固定效率显著高于湿润地带（Bolinder et al.，2007）。因此，通过优化农业实践和土地利用方式，可以最大限度地利用气候条件，促进土壤有机碳的固定，实现碳循环的平衡和提高土壤质量。

2. 土壤类型

土壤类型也是影响固碳效率的重要因素。不同土壤类型对秸秆还田的固碳效率影响差异明显。土壤类型是指根据土壤的形成过程、组成成分、物理性质、化学性质、生物性质等特征，将土壤划分为不同的类别或类型。土壤类型通常基于土壤的特定特征来进行分类，这些特征可以包括土壤的颗粒大小、组成成分、质地、孔隙度、含水量、酸碱度等。相对于含有较多沙粒和粉粒的土壤而言，具有较高黏粒含量的土壤通常对有机碳的保护作用更加显著，这有助于促进碳的稳定存储和积累。已有研究表明，在土壤中，有机碳的固定效率与土壤的黏粒含量密切相关（Ekschmitt et al.，2005）。这是因为黏粒对土壤有机碳的化学保护作用相当重要。它们主要通过与有机碳结合形成有机无机复合体来实现这一作用。因此，土壤投入碳转化效率与土壤中黏粒含量之间存在显著的正相关关系。

土壤的孔隙结构对碳固定具有重要影响。土壤中的微观孔隙和大孔隙可以提供适宜的生物和化学环境，促进有机物质的降解和微生物活动，从而影响碳的固定和释放过程。比如，良好的通气性可以促进土壤中微生物的活动，有利于有机物质的分解，而密实的土壤结构则会限制氧气的供应，降低有机物质的分解速率。

土壤的水分状况能够影响碳的固定。适度的土壤含水量有利于土壤中微生物的生长和活动，从而促进有机物质的降解和碳的固定。然而，过多或过少的水分都可能对固定碳产生负面影响，过多的水分会导致土壤缺氧，影响微生物的活动，而过少的水分则会限制微生物的生长和活动，降低有机物质的分解速率。

土壤的 pH 会影响土壤中微生物的活性和有机质的分解速度，从而影响固碳效率。由于土壤微生物的活性需要在一定的酸度范围内，因此，pH 过高（＞8.5）或过低（＜5.5）通常会抑制土壤微生物的繁殖生长，从而减少投入碳的分解速率，进而有利于土壤碳的固存与积累（Berger et al.，2002）。

其中，土壤微生物扮演着十分重要的角色。土壤微生物是土壤有机碳动态循环的驱动者。土壤微生物对秸秆具有分解作用：土壤微生物可以分解秸秆中的有机物质，将其转化为更简单的有机物和无机物，释放出养分和能量供给其他生物利用。这种分解作用有助于降解秸秆中的难降解物质，促进土壤有机质的循环和更新。此外，秸秆中含有丰富的碳、氮等元素，土壤微生物在分解过程中会释放这些元素，有助于提高土壤的有机质含量和养分水平。这些有机质可以改善土壤结构和保持土壤湿润，促进土壤微生物的生长和活性。土壤微生物在土壤中的活动会促进生物胶体的形成。生物胶体是土壤中的一种有机胶体，具有吸附和固定有机碳的能力。土壤微生物通过促进生物胶体的形成，有助于增加土壤中有机碳的固定。因此，在不同土壤类型的地区，需要针对性地选择合适的还田技术和管理措施，以提高固碳效率。

3. 秸秆还田技术

秸秆还田技术的选择和实施方式对固碳效率有重要影响。不同的还田技术会对固碳效率产生不同的影响。例如，覆盖深度、还田量等方式都会影响秸秆的分解速度和土壤有机碳的固定效果。研究表明，秸秆还田配合深松不仅能够显著提高玉米产量，而且能显著提升表层土壤大团聚体有机碳含量以及可溶性有机碳含量，促进有机碳的固存（高盼，2024）。在黑土区秸秆还田量为 9 000～13 500 kg/hm² 的土壤固碳效果较好，有效促进了土壤有机碳的累积与固定，并随还田年限的延长和还田量的增加而增加（高洪军等，2020）。因此，通过适当的还田深度和时间可以促进秸秆的分解和有机碳的固定，提高土壤固碳效率。

4. 秸秆种类和数量

不同种类和数量的秸秆会对固碳效率产生影响（李昌明等，2017）。秸秆是农作物收割后的残余物，对土壤固碳效率有着重要的影响。秸秆的种类和数量会影响土壤有机碳的输入量、分解速率和稳定性，从而影响土壤固碳效率。不同种类的秸秆在化学成分和分解速率上有所不同，一般来说，含碳量高、难降解的秸秆对土壤固碳效率的提升更为显著。其次，不同种类的秸秆分解速率不同，这会影响土壤中有机碳的循环和再固定（迟凤琴等，1996）。一些难降解的秸秆，如玉米、水稻等的秸秆含有较高的碳量，分解速率较慢，能够提供更多的碳源，有利于土壤中有机碳的长期稳定。而一些易降解的秸秆，如稻草，分解速率较快，可能导致碳的快速释放，影响土壤固碳效率。秸秆数量的增加会增加土壤中的碳输入量，促进土壤有机碳的积累。然而，过多的秸秆输入也可能导致土壤中碳的释放速率增加，影响土壤固碳效率（刘兰清等，2017）。因此，要合理控制秸秆数量，使之符合土壤的碳输入和碳固定能力之间的平衡。综上所述，秸秆种类和数量对土壤固碳效率有着重要的影响。合理选择种类和控制数量，使之符合土壤的碳输入和固碳能力之间的平衡，是提高土壤固碳效率的关键。

5. 其他农田管理措施

其他农田管理措施如施肥、耕作方式等也会对秸秆还田的固碳效率产生影响。施肥是农田管理措施中影响土壤有机碳的主要因素，不仅可以改变有机碳的含量，还可以影响有机碳的组成。其原因：施肥可提高土壤中有效养分含量，促进根系生长，增加根系分泌物和脱落物数量；还可以通过影响土壤微生物的种类、数量和活性，进而影响土壤有机碳的生物降解（West et al.，2007）。耕作导致大团聚体加剧破坏，形成大量的游离有机碳颗粒和小团聚体，这些游离态有机碳极易降解（周振方等，2013）；耕作可以通过改变土壤中的小气候，如空气含量、水分含量等来影响土壤微生物的活性；耕作提高了土壤表层温度，降低其含水量，提高其透气性，从而有利于微生物活动，加剧了对有机碳的矿化分解（杨景成等，2003）。对于耕作来讲，免耕被认为是提高农田有机碳的主要管理措施。与传统耕作模式相比，免耕秸秆还田的保护性耕作措施有助于增加土壤有机碳含量和耕层土壤有机碳储量，免耕秸秆还田增加了易氧化有机碳和颗粒有机碳含量，导致不稳定碳和稳定碳对有机碳固定的贡献显著增加，同时降低了有机碳的分解指数，有机碳分解程度降低。

　　总之，秸秆还田是一种重要的固碳措施，可以促进土壤有机质的积累，提高土壤肥力，减少化肥的使用，同时也可以帮助固定大量的碳元素。然而，秸秆还田的固碳效率受多种因素的影响，需要综合考虑技术、土壤、气候、秸秆特性及农田管理等方面的因素，选择合适的还田技术和管理措施，以提高固碳效率。

主要参考文献

蔡岸冬，2016. 我国典型农田土壤固碳效率特征及影响因素. 北京：中国农业科学院.

陈秀蓉，南志标，2015. 细菌多样性及其在农业生态系统中的作用. 草业科学，19（12）：34-38.

范倩玉，李军辉，李晋，等，2020. 不同作物秸秆还田对潮土结构的改良效果. 水土保持学报，34（4）：230-236.

高洪军，彭畅，张秀芝，等，2020. 秸秆还田量对黑土区土壤及团聚体有机碳变化特征和固碳效率的影响. 中国农业科学，53（22）：4613-4622.

郭戎博，李国栋，潘梦雨，等，2023. 秸秆还田与施氮对耕层土壤有机碳储量、组分和团聚体的影响. 中国农业科学，56（20）：4035-4048.

胡乃娟，韩新忠，杨敏芳，等，2015. 秸秆还田对稻麦轮作农田活性有机碳组分含量、酶活性及产量的短期效应．植物营养与肥料学报，21（2）：371-377.

皇甫呈惠，孙筱璐，刘树堂，等，2020. 长期定位秸秆还田对土壤团聚体及有机碳组分的影响．华北农学报，35（3）：153-159.

李昌明，王晓玥，孙波，2017. 不同气候和土壤条件下秸秆腐解过程中养分的释放特征及其影响因素．土壤学报，54（5）：1206-1217.

李新华，郭洪海，朱振林，等，2016. 不同秸秆还田模式对土壤有机碳及其活性组分的影响．农业工程学报，32（9）：130-135.

彭新华，张斌，赵其国，2004. 土壤有机碳库与土壤结构稳定性关系的研究进展．土壤学报，41（4）：618-623.

史奕，陈欣，杨雪莲，等，2003. 土壤"慢"有机碳库研究进展．生态学杂志（5）：108-112.

田慎重，郭洪海，董晓霞，等，2016. 耕作方式转变和秸秆还田对土壤活性有机碳的影响．农业工程学报，32（S2）：39-45.

王虎，王旭东，田宵鸿，2014. 秸秆还田对土壤有机碳不同活性组分储量及分配的影响．应用生态学报，25（12）：3491-3498.

王美琦，刘银双，黄亚丽，等，2022. 秸秆还田对土壤微生态环境影响的研究进展．微生物学通报，49（2）：807-816.

杨艳华，苏瑶，何振超，等，2019. 还田秸秆碳在土壤中的转化分配及对土壤有机碳库影响的研究进展．应用生态学报，30（2）：668-676.

万太，马强，赵鑫，等，2007. 不同土地利用类型下土壤活性有机碳库的变化．生态学杂志（12）：2013-2016.

张仕吉，项文化，2012. 土地利用方式对土壤活性有机碳影响的研究进展．中南林业科技大学学报，32（5）：134-143.

赵宇航，殷浩凯，胡雪纯，等，2024. 长期秸秆还田对褐土农田土壤有机碳、氮组分及玉米产量的影响．干旱地区农业研究，42（3）：80-88.

Berger T W，Neubauer C，Glatzer I G，2002. Factors controlling soil carbon and nitrogen stores in pure stands of Norway spruce (*Picea abies*) and mixed species stands in Austria. Forest Ecology and Management，159 (1/2): 3-14.

Bolinder M A，Andren O，Katterer T，et al.，2007. Soil carbon dynamics in Canadian Agricultural Ecoregions: Quantifying climatic influence on soil biological activity. Agriculture Ecosystems and Environment，122（4）：

461-470.

Bronick C J, Lal R, 2005. Soil structure and management: a review. Geoderma, 124: 3-22.

Buysse P, Roisin C, Aubinet M, 2013. Fifty years of contrasted residue management of an agricultural crop: Impacts on the soil carbon budget and on soil heterotrophic respiration. Agriculture, Ecosystems and Environment, 167: 52-59.

Cao D Y, Lan Y, Sun Q, et al. , 2021. Maize straw and its biochar affect phosphorus distribution in soil aggregates and are beneficial for improving phosphorus availability along the soil profile. European journal of soil science, 72 (5): 2165-2179.

Chaplot V, Cooper M, 2015. Soil aggregate stability to predict organic carbon outputs from soils. Geoderma, 243: 205-213.

Chen J H, Gong Y Z, Wang S Q, et al. , 2019. To burn or retain crop residues on croplands? An integrated analysis of crop residue management in China. Science of the Total Environment, 662: 141-150.

Cui Y X, Fang L C, Guo X B, et al. , 2019. Natural grassland as the optimal pattern of vegetation restoration in arid and semi-arid regions: Evidence from nutrient limitation of soil microbes. Science of the Total Environment, 648: 388-397.

Davidson E A, Janssens I A, 2006. Temperature sensitivity of soil carbon decomposition and feedbacks to climate change. Nature, 440: 165-173.

Ekschmitt K, Liu M, Vetter S, et al. , 2005. Strategies used by soil biota to overcome soil organic matter stability-Why is dead organic matter left over in the soil. Geoderma, 128 (1-2): 167-176.

Feng W, Plante A F, Six J, 2013. Improving estimates of maximal organic carbon stabilization by fine soil particles. Biogeochemistry, 112 (1-3): 81-93.

Gan Y, Campbell C A, Janzen H H, et al. , 2009. Carbon input to soil from oilseed and pulse crops on the Canadian prairies. Agriculture, Ecosystems and Environment, 132: 290-297.

Lal R, 2004. Soil carbon sequestration to mitigate climate change. Geoderma, 123: 1-22.

Liu C, Meng L, Jun C, et al. , 2014. Effects of straw carbon input on carbon dynamics in agricultural soils: a meta-analysis. Global Change Biology, 20 (5): 1366-1381.

Liu J, Jiang B, Shen J L, et al. , 2021. Contrasting effects of straw and straw-derived biochar applications on soil carbon accumulation and nitrogen use efficiency in double-rice cropping systems. Agriculture, Ecosystems and Environment, 311: 107286.

Nicoloso R S, Rice C W, Amado T J C, et al. , 2018. Carbon saturation and translocation in a no-till soil under organic amendments. Agriculture, Ecosystems and Environment, 264: 73-84.

Shi W, Fang Y R, Chang Y, et al. , 2023. Toward sustainable utilization of crop straw: Greenhouse gas emissions and their reduction potential from 1950 to 2021 in China. Resources Conservation and Recycling, 190: 106824.

Silver W L, Miya R K, 2001. Global patterns in root decomposition: comparisons of climate and litter quality effects. Oecologia , 129 (3): 407-419.

Six J, Bossuyt H, Degryze S, Denef K, 2004. A history of research on the link between (micro) aggregates, soil biota, and soil organic matter dynamics. Soil &. Tillage Research, 79 (1): 7-31.

Song X Y, Li Y, Yue X, et al. , 2019. Effect of cotton straw-derived materials on native soil organic carbon. Science of the Total Environment, 663: 38-44.

Stockmann U, Adams M A, Crawford J W, et al. , 2013. The knowns, known unknowns and unknowns of sequestration of soil organic carbon. Agriculture, Ecosystems and Environment, 164: 80-99.

Sun Q, Yang X, Meng J, et al. , 2022. Long-Term Effects of Straw and Straw-Derived Biochar on Humic Substances and Aggregate-Associated Humic Substances in Brown Earth Soil. Frontiers in Environmental Science, 10: 899935.

Thomsen I K , Christensen B T, 2021. Carbon sequestration in soils with annual inputs of maize biomass and maize-derived animal manure: Evidence from 13C abundance. Soil Biology &. Biochemistry, 42 (9): 1643-1646.

Tirol-Padre A, Ladha J K, Inubushi K, 2007. Organic amendments affect soil parameters in two long-term rice-wheat experiments. Soil Science Society of America Journal, 71 (2): 442-452.

Xue B, Huang L, Huang Y, et al. , 2019. Effects of organic carbon and iron oxides on soil aggregate stability under different tillage systems in a rice-rape cropping system. Catena, 177: 1-12.

Yan X, Zhou H, Zhu Q H, et al. , 2013. Carbon sequestration efficiency in paddy soil and upland soil under long-term fertilization in southern China. Soil and Tillage Research, 130: 42-51.

Zhang H Y, Erik A H, Pu F, et al. , 2021. Responses of soil organic carbon and crop yields to 33-year mineral fertilizer and straw additions under different tillage systems. Soil and Tillage Research, 209: 104943.

Zhang W J, Wang X J, Xu M G, et al. , 2010. Soil organic carbon dynamics under long-term fertilizations in arable land of northern China. Biogeosciences, 7 (2): 409-425.

Zhang X B, Sun N, Wu L H, et al. , 2016. Effects of enhancing soil organic carbon sequestration in the topsoil by fertilization on crop productivity and stability: Evidence from long-term experiments with wheat-maize cropping systems in China. Science of the Total Environment, 562: 247-259.

第三章 秸秆还田对土壤养分固存与活化的影响

第一节 秸秆腐解及养分释放特征

秸秆在土壤中的腐解特征和养分释放规律对秸秆还田和化肥的合理配施有重要意义。关于秸秆的腐解研究，目前主要集中在探讨采用不同试验方法研究秸秆腐解特征和影响因素，秸秆腐解后对土壤理化性质的影响，以及其探讨秸秆在腐解过程中土壤有机质转化、养分平衡调控等方面（戴志刚，2009；代文才等，2017；Muhammad et al.，2021）。养分释放的研究主要包括秸秆中营养元素的释放、转化和累积的过程。秸秆在田间分解是一个复杂而漫长的过程，主要靠物理、化学生物作用逐渐分解（Liski et al.，2003；Wang et al.，2012）。长期以来，研究秸秆腐解的方法以网袋法为主。

一、秸秆腐解过程中物质量的变化特征

通过在田间开展不同类型秸秆还田腐解监测发现，不同类型的秸秆均表现为翻压还田秸秆腐解速率显著高于覆盖还田（图 3-1）。夏秋季翻压还田秸秆腐解过程分快速腐解期、腐解减缓期和腐解停滞期 3 个阶段，而覆盖还田秸秆处于持续缓慢腐解的状态。冬春季两种还田方式变化趋势相似，在冬前腐解较慢，春后腐解速率加快。夏秋季，腐解 120 d 时覆盖还田中质量累积减少率油菜＞水稻＞小麦，小麦与水稻的差别不大，油菜质量累积减少量始终高于小麦

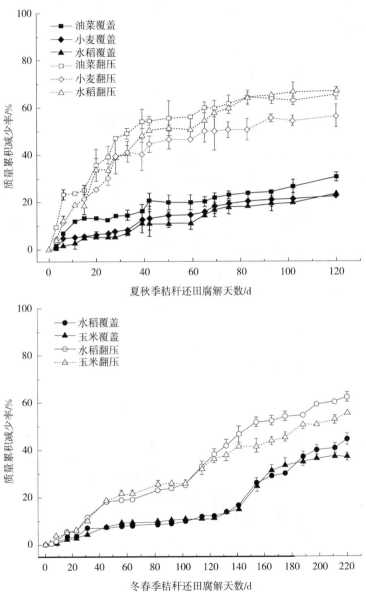

图 3-1　秸秆腐解过程中质量累积减少率（Wang et al.，2022）

和水稻。而翻压还田不同秸秆腐解快慢与覆盖还田的不同，腐解量最大的是水稻，累积减少率为 67.1%，最小的是小麦，累积减少率为 56.6%。冬春季两种还田方式的质量累积减少率均为水稻大于玉米，水稻覆盖和翻压还田分别为 44.7% 和 62.5%，玉米的则分别为 37.7% 和 55.6%。

二、秸秆腐解过程中碳的释放特征

夏秋季，秸秆翻压还田碳累积释放率的变化规律呈现 3 个阶段，而覆盖还田前期碳累积释放率较慢，在后期（100 d 以后）增加，其他腐解时间变化不大（图 3-2）。冬春季没有明显的 3 个阶段，秸秆覆盖还田与翻压还田碳累积释放率变化趋势相似，均为缓慢增加的过程，在腐解 220 d 时，释放并未达到平衡。同时，翻压还田比覆盖还田秸秆腐解快。

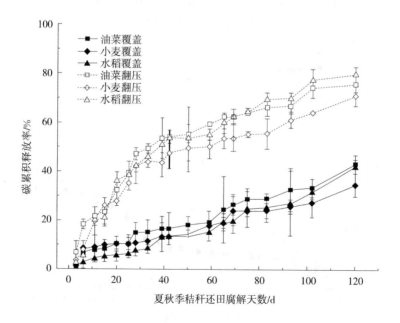

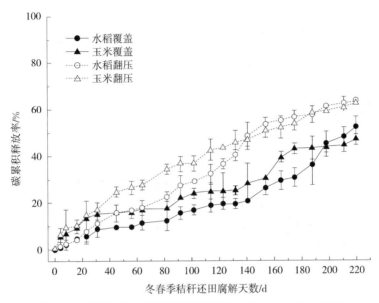

图 3-2　腐解过程中秸秆碳累积释放率（Wang et al.，2022）

三、秸秆腐解过程中氮、磷、钾的释放特征

同种秸秆，翻压还田秸秆氮累积释放率大于覆盖还田（图3-3）。夏秋季，腐解 120 d 时覆盖还田油菜、小麦、水稻秸秆的氮累积释放率分别为 27.6%、9.9%、24.4%，翻压还田的分别为 50.3%、26.9% 和 49.7%。冬春季，腐解 120 d 时覆盖还田的玉米、水稻秸秆氮累积释放率分别为 22.0% 和 31.1%，翻压还田的分别为 35.8% 和 32.9%。

夏秋季，秸秆腐解磷累积释放率包含快速腐解期、腐解减缓期和腐解停滞期 3 个阶段，翻压还田磷累积释放率比覆盖还田快，较早进入腐解缓慢和停滞期（图3-4）。冬春季，在腐解前期秸秆腐解缓慢增加。秸秆能够释放磷的量夏秋季为小麦＞油菜＞水稻，冬春季为玉米＞水稻。

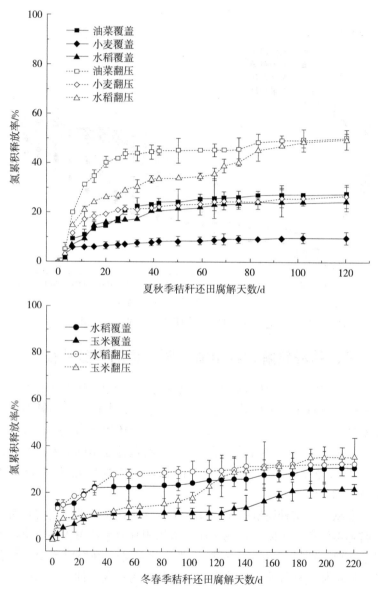

图 3 - 3　腐解过程中秸秆氮累积释放率（Wang et al.，2022）

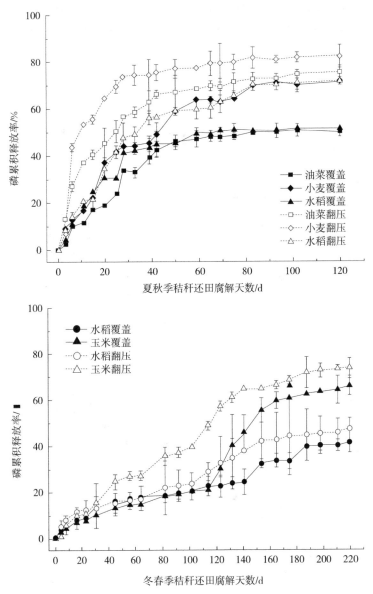

图 3-4　腐解过程中秸秆磷累积释放率（Wang et al.，2022）

　　夏秋季和冬春季，秸秆翻压还田的钾释放包含快速腐解期、腐解减缓期和腐解停滞期3个阶段（图3-5）。夏秋季，秸秆腐解的

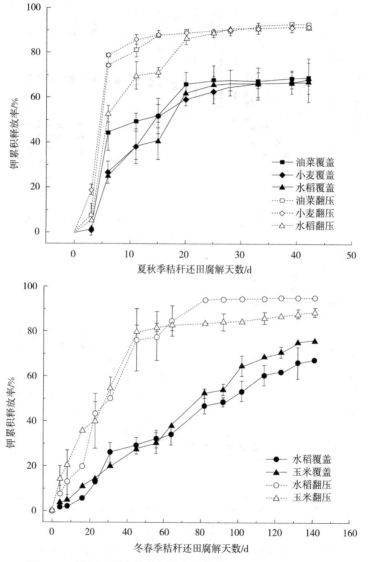

图3-5　腐解过程中秸秆钾累积释放率（Wang et al.，2022）

前 10 d，秸秆钾快速释放，在腐解的 10～25 d 释放率较为平缓，在腐解的 25 d 后则趋于平衡。冬春季，在秸秆翻压还田腐解的前 50 d，秸秆钾快速释放，之后释放率减缓，至腐解的 80 d 后趋于平衡。秸秆覆盖还田时，冬春季秸秆钾表现为持续缓慢释放。总体来看，秸秆覆盖还田的钾累积释放率低于秸秆翻压还田。不同类型秸秆的钾累积释放率差异不明显。

第二节　秸秆还田对土壤养分库容量及含量的影响

一、秸秆还田对土壤氮库容量及含量的影响

氮是影响作物生长限制性因子。大量的氮肥生产和施用是为了保证粮食的生产（Li et al.，2021）。到 2050 年世界人口将达到 90 亿，全球人口的不断增长对进一步提高农田粮食生产和氮肥的供应提出了更高的要求（Grafton et al.，2015；Mahmud et al.，2021）。秸秆还田可以改善土壤结构，在增加土壤有机质的同时，也能增加土壤全氮含量（Arriaga et al.，2017）。土壤微生物氮是指土壤微生物体内的有机氮和无机氮总量。其含量仅占土壤有机质的 1%～4%，但是它在氮养分的储存和转化过程中具有重要作用（Brookes，2001；Qiu et al.，2020）。秸秆施入土壤后，微生物生长繁殖所利用的氮主要来源于秸秆（梁斌等，2010）。

秸秆分解后会产生大量氮进入土壤中调节土壤养分平衡，维持作物生产力。土壤无机氮是作物对氮吸收利用的主要形式，其主要来自肥料氮和土壤有机氮矿化。还田植物残留物会影响土壤无机氮含量。例如，具有高氮、低木质素、纤维素含量及低碳氮比的植物残留物通常会导致高氮矿化率（Chen et al.，2014）。Dourado-Neto 等（2010）在热带农业系统中通过使用 [15]N 标记肥料氮和作物秸秆氮进行研究发现，作物所吸收的氮主要来源仍然是土壤氮，并且经过 5 季作物生长后，土壤中的氮残留率仍然还有 40%，主要残留在土壤表层。且连年还田的秸秆，经长期腐解后其中的氮积

累在土壤表层，可以提高表层土壤有效氮含量。在黄土高原干旱地区秸秆还田后 0～20 cm 土层的有机质、全氮含量均出现富集趋势，土壤有机质的转化速率加快，从而达到提高土壤肥力的效果（张春霞等，2010；Guan et al.，2019；Li et al.，2021）。

此外，秸秆还田还可以通过改善土壤结构减少氮损失（Xia et al.，2018）。秸秆还田后，土壤更多的有机碳含量增加了阳离子交换容量，以防止 NH_4^+-N 的损失，并增强了由于脱质子化羧基而保持移动阴离子 NO_3^--N 的能力。研究表明，在酸性土壤中长期秸秆、有机肥还田可以增加土壤的固氮能力。在翻耕和免耕条件下，水稻秸秆还田较不还田条件下总氮径流流失量分别降低为 1.94 kg/hm² 和 2.22 kg/hm²（以 N 计），能显著降低水稻土壤氮径流流失率，同时秸秆还田也会增加水稻种植苗期土壤 NO_3^--N 淋失量（朱利群等，2012），而不同还田方式下（翻耕和免耕）秸秆还田对土壤全氮含量影响较小，这是因为秸秆中氮含量较低，且主要以有机态的形式存在，不易于转化为土壤无机氮（Murphy et al.，2016）。腾珍珍等（2018）通过 ^{15}N 同位素示踪研究表明，秸秆还田降低了作物生育期土壤 NO_3^--N 的损失和提高了土壤氮供应，对维护土壤肥力具有极大益处。

秸秆还田除提高土壤氮含量之外，还能提高作物的氮利用效率。花生秸秆还田保留了植物根际微生物分解产生的大量氮，每年可以替代合成氮肥用于小麦生长（Zhang et al.，2019），将减少 8 kg/hm² 的氮肥用量，以提高施肥效率（Liu et al.，2018）。然而，秸秆还田改变土壤无机氮含量将影响植物对氮的同化和潜在的氮损失（Sugihara et al.，2012），秸秆还田后可能会增加前期土壤固氮能力，需要额外的氮肥施用（Fontaine et al.，2020）。

在 3 个不同土壤肥力的水稻—油菜轮作田间试验表明（表 3-1），施氮和秸秆还田提高了不同肥力土壤的氮含量。在 2020 年水稻季与-N 处理相比，+N 处理使高、中和低肥力土壤的氮含量分别增加 0.33 g/kg、0.17 g/kg 和 0.11 g/kg；与+N 处理相比，+N+S

处理使高、中和低肥力土壤的氮含量分别增加 0.27 g/kg、
0.12 g/kg 和 0.09 g/kg。在高、中和低肥力土壤中（表 3 - 2），秸秆
还田下土壤平均微生物生物量氮（MBN）分别提高了 10.4 mg/kg、
5.1 mg/kg 和 4.4 mg/kg，微生物生物量碳（MBC）分别提高了
34.5 mg/kg、41.8 mg/kg 和 51.3 mg/kg。MBN 和 MBC 在油菜
季高于水稻季，其中 MBN 的季节性差异大于 MBC。此外，微生
物通量与微生物生物量水平相关，其周转率差异不大。结构方程结
果表明了土壤 DOC、可溶态氮（DN）、MBC 和 MBN 在不同季节
对全氮的影响（图 3 - 6）。土壤微生物生物量对全氮的影响在水稻
季（0.93 和 0.56）大于油菜季（0.56 和 0.43）。

表 3 - 1　长期秸秆还田对土壤全氮的影响/（g/kg）（Wang et al.，2023）

生长季	处理	高肥力土壤	中肥力土壤	低肥力土壤
2018—2019 年 油菜	−N	1.45±0.14b	0.78±0.12b	0.52±0.08b
	+N	1.55±0.01ab	0.88±0.13b	0.61±0.03b
	+N+S	1.77±0.17a	0.93±0.01a	0.75±0.07a
2019 年 水稻	−N	1.60±0.15b	0.84±0.10a	0.57±0.09b
	+N	1.84±0.20ab	0.99±0.09a	0.67±0.06ab
	+N+S	2.01±0.12a	1.01±0.21a	0.80±0.11a
2019—2020 年 油菜	−N	1.57±0.09b	0.78±0.09b	0.53±0.06b
	+N	1.82±0.08a	0.92±0.05a	0.67±0.08ab
	+N+S	1.92±0.13a	0.98±0.14a	0.76±0.05a
2020 年 水稻	−N	1.68±0.12c	0.80±0.05b	0.58±0.05b
	+N	2.01±0.13a	0.97±0.08ab	0.69±0.02ab
	+N+S	2.28±0.18a	1.09±0.10a	0.78±0.06a

注：−N，不施氮肥、秸秆不还田；+N，施氮肥、秸秆不还田；+N+S，施氮
肥、秸秆还田。不同小写字母表示同一生长季中不同处理间差异显著。下同。

表 3-2　长期秸秆还田对土壤微生物生物量的影响（Wang et al.，2023）

土壤肥力水平	处理	平均MBN/(mg/kg)	MBN周转率	MBN年流通量/(kg/hm²)	平均MBC/(mg/kg)	MBC周转率	MBC年流通量/(kg/hm²)
高	−N	43.6±3.1	0.73±0.1	67.4±11.6	563.3±31.2	0.57±0.1	673.0±88.9
	+N	60.5±1.7	0.74±0.0	94.4±2.5	756.8±44.3	0.58±0.0	920.2±114.0
	+N+S	70.9±2.0	0.68±0.1	101.4±12.6	791.3±0.8	0.60±0.1	1 003.5±88.5
中	−N	28.5±1.5	0.68±0.2	45.5±11.8	224.3±8.7	1.01±0.1	536.8±9.5
	+N	39.2±1.9	0.79±0.1	73.2±9.9	297.7±13.6	0.86±0.0	607.0±27.7
	+N+S	44.3±1.8	0.80±0.2	83.2±16.4	339.5±2.9	0.84±0.1	676.6±90.5
低	−N	24.9±0.7	0.76±0.1	47.0±6.4	231.9±7.4	0.83±0.1	477.9±43.2
	+N	33.2±1.6	0.82±0.0	67.7±3.1	271.7±12.3	0.92±0.2	619.3±135.9
	+N+S	37.6±3.0	0.87±0.2	80.6±13.8	323.0±14.2	0.84±0.1	676.3±48.6

注：周转率＝周年内不同时期微生物生物量养分释放量/平均微生物生物量；年流通量＝平均微生物生物量×土壤容重×1 hm² 0～20 cm 土层体积×周转率。

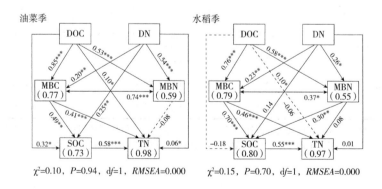

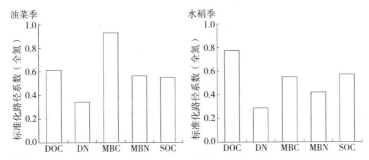

图 3 - 6　油菜季和水稻季土壤活性碳氮对有机碳和全氮影响的结
构方程模型及其标准化路径系数（Wang et al.，2023）
注：方框内的数字表示预测变量对方差的解释百分比。箭头上方的数
字表示路径系数。

二、秸秆还田对土壤磷库容量及含量的影响

磷是限制作物生产的主要养分之一，全球 30％～40％的农田
缺磷（Atere et al.，2019）。秸秆还田后作物残茬中的磷可以被微
生物分解成 $H_2PO_4^-$ 和 HPO_4^{2-}。30 年的秸秆还田能够提高 0～
20 cm 层中土壤有效磷的积累，且在施用化肥配合秸秆还田条件
下，磷肥利用效率从 43％提高到 72％（Guo et al.，2018）。同时，
秸秆还田通过增加土壤孔隙度，提高土壤溶液的渗透率、导水率等
措施改善土壤质地和结构，从而减少土壤有效磷的淋溶损失，提高
作物对土壤磷的吸收利用。而且秸秆可以通过增加有机碳来提高土
壤对磷的吸附性以维持土壤碳磷比和磷的有效性，从而间接提高土
壤有效磷含量和减少土壤磷的淋溶损失。

秸秆还田后生成的磷酸八钙能够增加土壤的缓冲性能，为微
生物提供良好环境，对改善土壤 pH 和活化固定态磷均有增强作
用。在我国北方石灰性土壤中，秸秆还田的情况下，无论是单独
秸秆还田，还是秸秆还田配施化肥，耕层土壤磷的解吸量和解吸
率均明显提高。有研究指出，秸秆还田可提高土壤中有机磷向无
机磷的转化速率，从而显著增加土壤有效磷含量。也有研究表
明，秸秆覆盖还田通过减少土壤对磷的吸附，增加了土壤有效磷

含量。但并非所有结果都与此相同，由于我国南北方土壤 pH 的不同，26 年长期秸秆还田定位试验表明，在南方稻田秸秆翻压还田能有效降低土壤磷吸附性，并提高土壤磷吸附饱和度，从而增加土壤磷库。

在 3 个地点水稻—油菜轮作的田间定位试验表明（图 3 - 7），武穴、武汉、沙洋试验点土壤有效磷（Olsen-P）含量在施磷后分别增加 10.5 mg/kg、4.6 mg/kg 和 4.8 mg/kg，秸秆还田后分别增加 2.6 mg/kg、0.6 mg/kg 和 0.7 mg/kg。秸秆还田主要增加武穴试验点土壤 Olsen-P 含量。秸秆添加下，微生物生物量磷（MBP）周转率和年流通量分别增加了 5.8%～11.1% 和 22.1%～25.3%（表 3 - 3）。武穴、武汉、沙洋试验点活性磷组分分别占总磷的 4.5%～7.9%、5.5%～7.9% 和 6.9%～9.7%（表 3 - 4），而中等活性磷占比分别为 12.2%～18.8%、21.0%～26.0% 和 21.8%～27.8%。土壤活性磷和中等活性磷对施磷和秸秆添加表现出积极响应。与＋P 处理相比，＋P＋S 处理的土壤 Pi 和 Po（NaHCO₃＋NaOH）含量在武穴点分别增加 10.5% 和降低 7.2%，在沙洋和武汉点分别增加 3.3%～6.7% 和 18.6%～24.2%。秸秆还田提高了土壤微生物生物量磷库并加速了其周转，从而提高了水稻—油菜轮作中土壤磷的有效性（图 3 - 8）。

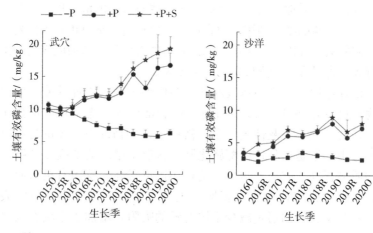

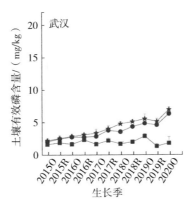

图 3-7 不同施磷处理下稻—油轮作体系土壤有效磷变化（王昆昆，2023）

注：O，油菜季；R，水稻季。－P，不施磷、秸秆不还田；＋P，施磷、秸秆
不还田；＋P＋S，施磷＋秸秆还田。下同。

表 3-3 不同施磷处理下土壤微生物生物量磷周转率
和年流通量的估算（王昆昆，2023）

地点	处理	平均 MBP/ (mg/kg)	总释放量/ (mg/kg)	周转率	年流通量/ (kg/hm²)
武穴	－P	10.4±0.3c	5.7±2.6b	0.55±0.2a	12.0±5.4a
	＋P	13.4±0.6b	6.9±1.0a	0.52±0.2a	14.5±2.0a
	＋P＋S	15.5±1.0a	8.5±1.8a	0.55±0.1a	17.9±3.8a
沙洋	－P	8.6±0.4b	4.3±1.5b	0.49±0.2a	9.0±3.1b
	＋P	11.8±1.0a	7.7±2.0a	0.65±0.1a	16.2±4.3a
	＋P＋S	13.6±0.9a	10.6±2.4a	0.72±0.2a	20.3±5.0a
武汉	－P	8.8±0.5c	3.9±0.8b	0.44±0.1b	9.7±2.0b
	＋P	12.0±0.6b	6.5±1.9a	0.54±0.1ab	16.3±4.9a
	＋P＋S	13.5±0.8a	8.0±1.5a	0.60±0.1a	19.9±3.9a

表3-4 不同施磷处理下土壤连续提取的磷组分（王昆昆，2023）

地点	处理	活性磷/（mg/kg）			中等活性磷/（mg/kg）		稳态磷/（mg/kg）	
		H_2O-Pi	$NaHCO_3$-Pi	$NaHCO_3$-Po	NaOH-Pi	NaOH-Po	HCl-Pi	残余-P
武穴	-P	0.8±0.2b	16.0±0.6b	23.0±2.3b	57.3±0.9b	49.9±6.4b	501.7±47.9a	233.1±23.6a
	+P	2.6±0.2a	48.0±5.4a	30.0±4.6a	127.1±21.5a	53.5±6.8a	560.0±41.3a	252.6±30.5a
	+P+S	2.7±0.7a	53.5±7.4a	25.2±4.1a	139.9±18.0a	52.3±1.9a	504.6±24.2a	246.3±13.9a
沙洋	-P	1.4±0.6a	7.3±0.9b	13.1±1.7b	31.2±4.8b	37.5±2.3b	24.8±4.4b	199.6±4.2b
	+P	2.8±1.4a	18.4±2.4a	14.8±1.1a	64.9±6.4a	39.4±3.9ab	40.1±1.3a	225.8±11.4a
	+P+S	2.3±0.3a	20.3±2.8a	17.5±2.3a	68.6±2.5a	46.8±5.6a	38.1±3.8a	221.4±9.0a
武汉	-P	1.5±0.7a	6.2±0.6b	10.3±3.4b	47.2±4.9b	21.0±2.4c	15.4±0.6b	223.3±8.7b
	+P	2.1±0.6a	13.8±1.9a	12.4±2.9a	74.7±1.9a	27.7±1.0b	28.2±4.2a	259.6±10.5a
	+P+S	2.0±0.3a	16.0±1.8a	15.2±2.3a	75.4±2.1a	34.6±1.7a	24.6±4.5a	254.7±6.4a

注：Pi，无机磷；Po，有机磷。

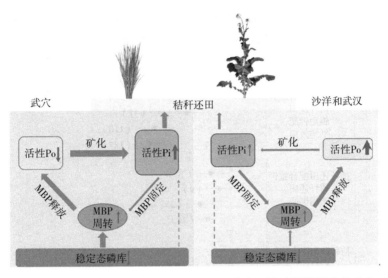

图 3-8　秸秆添加对武穴、沙洋和武汉试验点土壤磷周转影响的示意
（王昆昆，2023）

三、秸秆还田对土壤钾含量的影响

土壤全钾含量丰富，但其中可供植物直接吸收的有效钾仅占全钾含量的 0.1%～2%（Schroeder，1978），风化成土作用释放的钾是作物钾吸收的重要来源（Portela et al.，2019），但是自然风化的钾难以满足作物对钾的消耗。自 20 世纪 90 年代以来，我国土壤钾肥力逐年降低，补钾和高效施钾措施亟待实行。我国钾肥资源紧缺，现有基础钾矿储量（以 K_2O 计）约为 3.5 亿 t，仅占世界钾矿总储量的 9.5%（USGS，2021）。我国农业钾肥用量从 2000 年 348 万 t 增加到 2019 年 1 025 万 t，2015—2019 年 50% 钾肥依赖于进口。因此，探寻钾肥高效利用和替减技术，从而减少我国对于化学钾肥特别是进口钾肥的依赖，是保障国家粮食安全的重要途径（白由路，2009）。作物吸收的钾，80% 以上分布于秸秆内，其以离子态存在，淹水条件下，很容易被淋洗释放。农作物秸秆数量巨大且

含钾丰富，秸秆还田是秸秆资源化利用、缓解土壤钾亏缺的有效途径。Meta 分析结果表明，施钾、秸秆还田、施钾配施秸秆还田可提高我国长江流域土壤速效钾含量，且长期管理下土壤速效钾含量提升效果更好（图 3-9）。

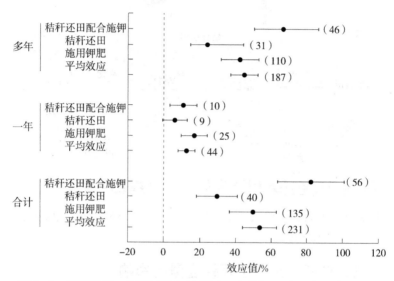

图 3-9　钾肥施用、秸秆还田和秸秆还田配施钾肥对土壤速效钾含量的影响（朱丹丹，2022）

1. 长期秸秆还田对土壤钾含量的影响

基于水稻—油菜轮作秸秆和钾肥互作长期定位试验，我们发现秸秆还田和钾肥施用对土壤水溶性钾、交换性钾和非交换性钾含量产生显著影响（表 3-5）。耕层 0～20 cm 土壤水溶性钾和交换性钾含量较高，分别为 9.9～22.0 mg/kg 和 41.5～57.0 mg/kg，而非交换性钾在 20～40 cm 和 40～60 cm 土壤中含量较高，为 147.7～180.1 mg/kg。不同钾素管理显著影响土壤不同形态钾含量，以＋S＋K 处理下各个形态钾含量最高。与－S－K 处理相比，＋S＋K 处理下 0～20 cm 土壤水溶性钾、交换性钾和非交换性钾含量分别提高了 122.2%、37.3% 和 18.1%。

表3-5　钾素管理措施对土壤不同形态钾含量的影响（朱丹丹，2022）

处理	水溶性钾/（mg/kg）			交换性钾/（mg/kg）			非交换性钾/（mg/kg）		
	0～20 cm	20～40 cm	40～60 cm	0～20 cm	20～40 cm	40～60 cm	0～20 cm	20～40 cm	40～60 cm
-S-K	9.9b	10.5c	9.2b	41.5c	36.6b	34.5a	130.6b	176.6a	164.0a
-S+K	12.0b	12.3b	10.8a	50.8b	38.0b	37.4a	137.0b	147.7b	162.6a
+S-K	13.0b	10.8c	10.6a	52.1b	41.5a	38.4a	151.3a	180.1a	170.7a
+S+K	22.0a	14.5a	10.7a	57.0a	43.0a	38.3a	154.3a	176.9a	171.4a

注：-S-K，秸秆不还田、不施钾肥；-S+K，秸秆不还田、施钾肥；+S-K，秸秆还田、不施钾肥；+S+K，秸秆还田、施钾肥。下同。

2. 长期秸秆还田对土壤团聚体钾含量和钾库容量的影响

在长期秸秆还田和施用钾肥（+S+K处理）条件下，土壤交换性钾和非交换性钾含量出现最大值，分别为40.1 mg/kg和116.4 mg/kg（表3-6）。在所有处理中，+S+K处理土壤交换性钾和非交换性钾含量最大，其次是+S-K处理，-S-K处理土壤交换性钾含量最小，-S+K处理土壤非交换性钾含量最小。与-S-K处理相比，-S+K、+S-K和+S+K处理交换性钾含量在＞2 mm、2～1 mm、1～0.25 mm、0.25～0.053 mm和＜0.053 mm分别增加了12.6%～47.6%、20.9%～31.6%、7.7%～30.9%、-16.4%～20.1%和16.8%～59.1%。土壤非交换性钾含量分别增加了-5.5%～2.9%、0.2%～24.8%、-2.3%～16.4%、-0.3%～15.6%和0.2%～9.2%。

表 3-6 钾素管理措施对土壤团聚体交换性钾和非交换性钾含量的影响（朱丹丹，2022）

钾素形态	处理	钾含量/（mg/kg）					
		土壤	>2 mm	2~1 mm	1~0.25 mm	0.25~0.053 mm	<0.053 mm
交换性钾	-S-K	25.8±2.9cBC	24.6±0.6bBC	22.5±0.4aC	24.7±0.8bBC	26.9±0.5abB	29.8±1.6cA
	-S+K	31.4±0.7bcAB	27.7±2.9abB	27.2±2.3aB	27.1±2.7abB	26.0±1.4abB	34.8±2.5bA
	+S-K	32.6±2.9bcAB	27.9±3.2abB	27.5±4.9aB	26.6±3.0abB	22.5±3.2bB	36.9±1.8bA
	+S+K	40.1±2.9aAB	36.3±5.0aB	29.6±3.3aB	32.3±2.5aB	32.3±2.1aB	47.4±3.1aA
非交换性钾	-S-K	102.3±2.1bB	105.4±10.0aB	101.3±7.8cB	98.9±3.3bB	89.1±5.4bB	180.4±1.7bA
	-S+K	100.9±1.9bB	99.6±17.3aB	101.5±9.7cB	96.6±5.1bB	88.8±3.0bB	182.0±9.6bA
	+S-K	104.4±3.7bB	102.9±15.6aB	109.5±9.7bB	98.0±6.3bB	100.5±6.8aB	180.7±16.0bA
	+S+K	116.4±3.3aBC	108.5±5.6aC	126.4±7.3aB	115.1±0.4aBC	103.0±3.6aC	197.0±9.8aA

注：数值后同列不同小写字母代表同一粒级不同处理在 P<0.05 水平上差异显著；同行不同大写字母代表同一表同一处理不同粒级在 P<0.05 水平上差异显著。

第三节　秸秆还田下土壤养分的固存与活化机制

一、秸秆还田对氮的固存与活化机制

1. 连续秸秆还田提升土壤对氮的吸持能力

（1）长期秸秆还田对土壤氮吸附与解吸的影响。采集不同长期定位试验土壤开展秸秆对土壤氮吸附和解吸的模拟研究发现（图3-10），土壤对铵态氮的吸附均随着添加铵态氮浓度的提高而增加，但不同试验处理对耕层土壤氮的吸附影响差异较大，不同试验点的耕层铵态氮吸附量表现为北碚＞望城＞进贤。

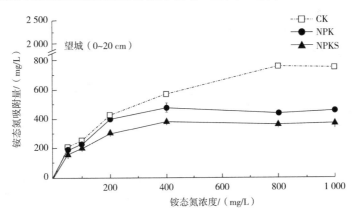

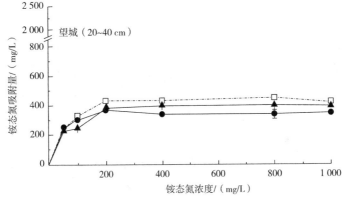

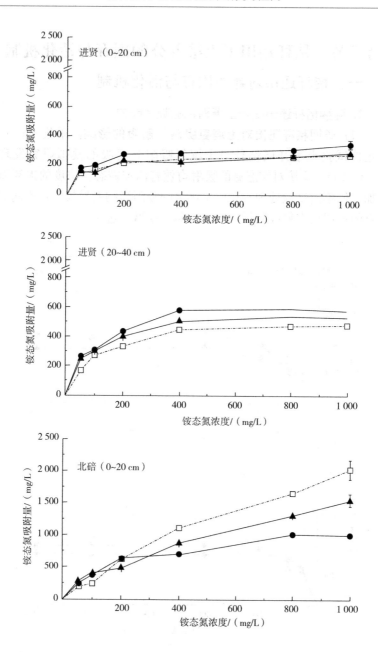

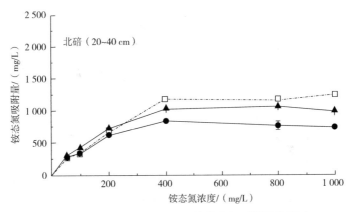

图 3-10 长期秸秆还田对土壤铵态氮吸附量的影响

就望城试验点而言，耕层土壤对铵态氮的吸附表现为不施肥（CK）＞单施化肥（NPK）＞化肥配合秸秆还田（NPKS）；20～40 cm 土层各处理均在铵态氮浓度 200 mg/L 时达到吸附饱和点，其中 CK 处理的铵态氮吸附量略高于 NPK 和 NPKS 处理。进贤试验点不同处理间差异不明显，耕层和亚耕层的吸附饱和点分别为 215.09～267.68 mg/kg 和 444.64～576.33 mg/kg。北碚试验点两个土层对铵态氮的吸附均表现 CK＞NPKS＞NPK。

（2）长期秸秆还田对土壤铵态氮解吸特征的影响。 与吸附曲线相比，各长期定位试验点不同处理间的铵态氮解吸曲线差异较小（图 3-11）。不同处理土壤的铵态氮解吸量随加入铵态氮浓度的增加而变大。对于同一处理，其吸附量越大则解吸量越大。望城和进贤试验点两个土层的不同处理间铵态氮解吸量均差异较小，且表现为 NPKS 处理略高于 CK 和 NPK 处理。

2. 连续秸秆还田提高前季肥料氮在土壤有机氮库的残留

矿质氮肥可以在土壤中以有机质或与矿物结合的形式留存。酸解法可将土壤氮库进行分解，分别为酸解铵态氮（HAN）、氨基酸态氮（AAN）、氨基糖态氮（ASN）、酸解未知态氮（HUN）和酸解不溶态氮（AIN）。其中氨基酸态氮和氨基糖态氮可反映微生物体的累积效应，与可水解铵态氮一起，构成了评价土壤氮供应的重

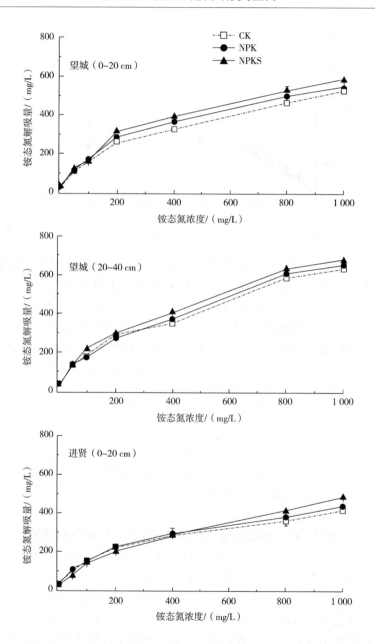

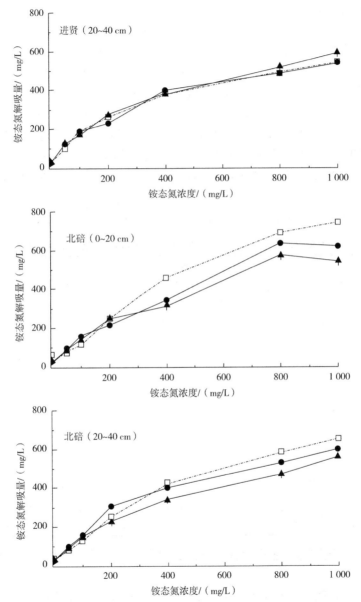

图 3-11　长期秸秆还田对土壤铵态氮解吸量的影响

要指标。我们采用土壤有机氮分级和^{15}N 示踪的方法，研究连续秸秆还田条件下水旱轮作体系肥料氮在土壤的残留。

在稻—油轮作体系中，0～20 cm 和 20～40 cm 土层的有机氮组分如表 3 - 7 所示。在 0～20 cm 土层，各处理酸解铵态氮、氨基酸态氮、氨基糖态氮、酸解不溶态氮的含量分别占全氮的 19.33%～21.40%、10.50%～14.31%、2.03%～3.47%、24.30%～27.15%，且均呈现出秸秆还田（NPK＋St）处理显著大于秸秆不还田（NPK）处理，而酸解未知态氮占全氮的 33.93%～41.53%，NPK、NPK＋St 处理间差异不明显。与 0～20 cm 土层各有机氮组分相比，20～40 cm 土层对应处理酸解可溶态氮含量出现不同程度的降低，但酸解不溶态氮含量增加了 27.50%。

表 3 - 7　氮素管理对稻—油轮作 0～20 cm 和 20～40 cm 土层有机氮组分的影响

土层/cm	处理	全氮/ (g /kg)	酸解可溶态氮/（mg/kg）				酸解不溶态氮/ （mg/kg）
			酸解铵态氮	氨基酸态氮	氨基糖态氮	酸解未知态氮	
0～20	PK	0.73± 0.05c	155.71± 22.42c	76.64± 17.13c	14.81± 2.69c	303.15± 28.6b	177.36± 19.85c
	NPK	1.13± 0.04b	218.53± 25.59b	135.98± 8.56b	34.55± 4.11b	452.15± 33.43a	288.79± 17.06b
	NPK＋St	1.23± 0.04a	263.40± 13.55a	176.04± 8.17a	42.63± 3.11a	417.33± 39.71a	333.94± 17.21a
20～40	PK	0.68± 0.05b	114.20± 18.98a	64.79± 8.53a	11.81± 1.25a	192.44± 15.16a	301.42± 44.94b
	NPK	0.71± 0.03ab	139.48± 19.92a	71.71± 16.89a	13.55± 2.00a	188.88± 6.20a	299.72± 14.58b
	NPK＋St	0.81± 0.04a	149.51± 12.45a	76.05± 6.22a	12.09± 2.66a	209.16± 19.76a	363.19± 3.59a

3. 连续秸秆还田提高土壤碳氮获取酶活性提高土壤氮的周转与利用

土壤微生物是土壤氮循环的原动力。土壤的氮循环主要包括固氮作用、硝化作用、反硝化作用和铵还原过程，主要由固氮微生

物、硝化功能菌、反硝化功能菌和硝酸盐异化还原成铵过程
（DNRA）功能微生物驱动。目前，广泛使用分子标记，如 $nifH$、
$amoA$、$nirK$、$nirS$ 和 $nrfA$ 基因来研究土壤氮循环微生物。氮循
环过程对应的基因包括：氮固定的 $nifH$ 基因，硝化作用的 $amoA$
基因，反硝化作用的 $nirK$ 和 $nirS$ 基因，以及 DNRA 的 $nrfA$ 基
因。它们的拷贝数通常被用来指示氮循环微生物丰度。

　　我们以 12 年的稻—稻—油长期定位试验为研究对象，分析了
免耕秸秆不还田（NT）、免耕秸秆还田（NTS）、翻耕秸秆不还田
（CT）和翻耕秸秆还田（CTS）4 种不同处理下早稻季和油菜季耕
层土壤可溶性碳（DOMC）、可溶性氮（DOMN）、团聚体碳和氮
含量，结合土壤活性有机质组分含量，探究农田土壤细菌群落结构
的环境驱动因子。试验结果表明，长期不同耕作方式和秸秆还田处
理显著改变了土壤有机质组分和细菌群落结构。不论是在早稻季还
是油菜季，秸秆还田对土壤细菌结构的影响均达到显著水平。多元
统计分析表明，土壤全氮、DOMC、DOMN 以及大团聚体碳含量
与土壤细菌群落结构显著相关。王金龙（2023）的研究结果表明，
秸秆还田提高了 $0\sim20$ cm 土壤碳和氮获取酶活性，在 $20\sim40$ cm
土层中各处理间酶活性无显著差异。这可能与土壤有机碳、全氮和
全磷含量有关，秸秆还田使土壤碳氮比失衡，秸秆腐解后分解的营
养物质供微生物生长和繁殖，刺激微生物分泌相关胞外酶，加速纤
维素、半纤维素和木质素的降解（徐华勤等，2007）。长期秸秆还
田可以为微生物提供底物，从而提高微生物的代谢功能，土壤微生
物的代谢产物是土壤酶的重要来源（刘善江等，2011）。

二、秸秆还田对磷的固存与活化机制

　　微生物是土壤磷活化的主要参与者，是一个重要的活性磷库。
微生物体通过磷的吸收和释放参与土壤磷循环（Liu et al.，
2012）。具体来说，微生物可以固定磷，形成其生物量磷，或者在
有足够的碳底物时刺激其生长（Bünemann et al.，2013）。当微生
物死亡时，MBP 被释放到生物可利用的磷库中，然后可被新生长

的微生物和植物重新利用（Macklon et al.，1997）。土壤微生物对难溶性有机磷和无机磷的活化大部分可归因于细菌和真菌。$phoD$和$pqqC$基因用于评价有机磷矿化和无机磷溶解的微生物潜力（Bi et al.，2020）。有研究表明，与高磷投入相比，秸秆碳在低磷投入下丰富了$phoD$基因群落（Tian et al.，2021）。秸秆碳输入刺激了解磷微生物的生长（Lin et al.，2019；Bi et al.，2020），其过程可能与土壤水分和氧气条件有关。

王昆昆（2023）结合田间定位试验和土壤培养试验，探究了解磷功能基因（$phoD$和$pqqC$）丰度和群落组成的变化对磷肥施用和秸秆还田响应的季节性差异，并明确了秸秆还田在稻—油轮作中的磷肥替代效应。结果表明，在稻—油轮作中，秸秆还田提高了土壤$phoD$和$pqqC$基因丰度并改善其群落组成，加快了微生物磷活化。秸秆还田对$phoD$、$pqqC$基因丰度和活性有机磷的提升效果在油菜季（37.8％、32.0％和17.4％）大于水稻季（12.0％、15.6％和6.2％）。结果还表明，秸秆还田处理显著增加了$phoD$和$pqqC$基因细菌群落的正负连接数，说明解磷微生物群落具有更复杂的网络。秸秆中丰富的碳可能会增加解磷微生物的丰度和多样性，从而使种间关系趋向复杂化（Ling et al.，2016）。另外，土壤$phoD$和$pqqC$基因细菌的网络结构在秸秆还田处理下的网络平均度最高，平均路径长度最短，表明秸秆还田可促进稳定性解磷细菌群落的形成，从而提升其快速响应环境扰动的能力（Zhou et al.，2010）。因此，秸秆还田可以形成更复杂和稳定的解磷细菌群落，增强有机磷矿化和无机磷溶解的微生物潜力。对于$phoD$基因细菌群落，秸秆还田处理由于外源碳的添加显著刺激了慢生根瘤菌科（Bradyrhizobiaceae）丰度的增加。已有研究表明，Bradyrhizobiaceae易在富营养条件下富集（Fraser et al.，2015；Long et al.，2018），参与植物和微生物的相互作用（Erlacher et al.，2014）。对于$pqqC$基因细菌群落，醋杆菌科（Acetobacteraceae）是$pqqC$基因群落的优势类群，它属于α-变形杆菌科（Alphaproteobacteria）并在秸秆还田处理下显著富集。总之，秸秆还田改变了解磷微生物群落结构，促进了具有解磷能力的微生物的生长，从而提升土壤磷活化。

三、秸秆还田对钾的吸附与释放机制

作物秸秆中有 70%～80% 来自作物吸收所储存的钾，其钾素是水溶性钾，主要以钾离子的形式存在，极易溶于水释放出来。秸秆还田对土壤速效钾的影响主要取决于秸秆自身腐解钾的释放，但同时也受秸秆腐解时所产生的有机酸对矿物钾释放的影响（李继福，2015）。秸秆腐解的前期有机酸释放使得表层水溶液 pH 出现一个弱酸化过程，随着腐解时间的推移、微生物活动以及有机酸被分解，则又出现一个碱化的过程，导致 pH 最终升高（戴志刚等，2010）。秸秆泡水后不仅会释放钾，也会释放碱性金属、阴离子和有机成分。

秸秆在适宜的水分和温度条件下，前期腐解速率较快（戴志刚等，2010），过程较为复杂，翻压 10 d 内土壤有机酸累积水平较高（单玉华等，2006），对矿物钾的释放具有一定的促进作用（Song and Huang，1988）。李继福（2015）通过原子力显微镜原位观察硅酸盐矿物在有机酸作用下的界面反应，发现有机酸对矿物的溶解能够明显地促进矿物中钾的释放，有机酸浓度越高，释放钾的作用越明显，并且钾的释放还与有机酸的种类、矿物类型密切相关。秸秆腐解过程中产生的小分子有机酸很容易与矿物结构中的金属离子形成金属-有机复合体，加速矿物的分解，从而促进钾的释放。当根系接触到黑云母时，根系提供的 H_3O^+ 可以与黑云母晶片边缘的层间钾离子发生交换，从而促进云母层间钾释放（Mengel et al.，1993）。此外，秸秆自身的性质会导致微生物代谢活动及其群落多样性的变化（Baumann et al.，2009；Liu et al.，2010）。可见，秸秆释放出的有机酸有助于土壤中钾的分解、转化与释放，并提高和补充土壤钾，对提高土壤供钾能力起到重要作用。

第四节　秸秆还田化肥替减潜力估算

秸秆还田有利于保障粮食稳产增产、提高土壤养分含量、改善土壤物理性状、优化农田生态环境，更重要的是在稳产或增产的前提下，连续秸秆还田可以减少化肥投入，实现化肥减施增效，推动农业绿色可持续发展。秸秆还田替代化肥的潜力主要取决于秸秆养分投入量和秸秆养分释放的速率。由此衍生出两种秸秆替代化肥的估算方法：一种是基于养分投入量的估算，即由秸秆养分资源量与秸秆还田比例估算可替减化肥量。例如，宋大利等提出不同作物秸秆还田可替减氮肥 27.7%～71.1%、磷肥 10.2%～27.7%、钾肥 42.4%～135.4%。这种方法计算参数容易获取，因此使用较为普遍。然而，此方法未考虑当季秸秆养分释放特征及其利用率等问题。另一种则是考虑秸秆还田养分当季释放率来计算。例如，刘淑军等估算全国不同区域水稻秸秆还田可分别替减 10.9%～12.5% 的氮肥、11.8%～17.1% 的磷肥、116.2%～122.6% 的钾肥，这种方法未考虑秸秆养分矿化后的损失。研究表明，尽管秸秆养分当季可矿化 20%～30%，但仅有 6.2%～14.3% 可被当季作物再吸收利用，85.7%～93.8% 的养分则不能被当季作物吸收（主要储存于土壤库中或通过气体、淋溶、径流及侵蚀等途径损失）。因此，这两种方法均在一定程度上高估了秸秆还田化肥替减率，田间实际生产应用上往往难以参考。近年来，随着秸秆还田化肥替减研究不断深入，不同区域的科研工作者广泛开展了秸秆还田化肥替减效果的田间试验。但多数田间试验研究集中在单一田块、单一作物，缺乏针对不同种植制度或区域及不同养分供应能力土壤的相关整理与分析，因此，不同田间试验得出的秸秆还田化肥替减率差异较大。

通过收集 2000—2021 年已发表的秸秆还田化肥替减试验数据 487 组，结合本团队 2013—2021 年在湖北省 32 个县市开展的多年多点秸秆还田化肥替减试验数据 641 组，综合分析不同种植制度、不同土壤养分供应条件的水稻、小麦、玉米、油菜秸秆还田化肥替减率，在此基础上估算秸秆还田化肥减量节本潜力，以期在区域尺度上为秸秆还田化肥替减工作提供理论依据，在田间尺度上为秸秆还田化肥减量提供数据参考。

一、秸秆还田氮肥替减率

如图 3-12 所示，4 种主要农作物秸秆还田的氮肥替减率范围为 10.6%～13.7%，平均为 12.2%。其中在旱地（小麦季、玉米季、油菜季）秸秆还田的氮肥替减率（平均值 13.2%）较水田（水稻季，平均值为 10.6%）高出 0.8～3.1 个百分点。不同种植制度下，水旱轮作体系（水稻单作和稻—油轮作）的氮肥替减率较旱地轮作（玉米单作和麦—玉轮作）高出 5.0～12.9 个百分点。旱地秸秆还田氮肥替减率略高于水田。代文才等（2017）研究表明，秸秆翻埋还田 360 d 后，秸秆在旱地中腐解率比在水田中高 7.9%～22.9%，与本研究结果较为一致。而在不同轮作制度中，水旱轮作秸秆还田氮、磷肥替减率较旱地轮作分别高 5.0～12.9 个百分点、

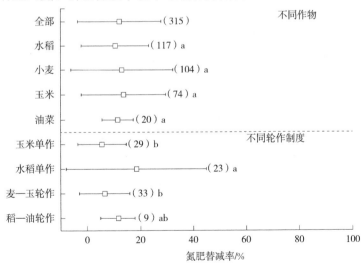

图 3-12　不同作物和轮作制度下秸秆还田氮肥替减率

18.0～24.8个百分点，这可能与水旱轮作增加土壤团聚体的数量和稳定性有关。薛斌研究表明，稻—油轮作模式下秸秆还田通过增加土壤中胶结物质的数量，提升土壤胶结作用，使黏粒在团聚体中进一步富集，提高土壤中不同粒径团聚体数量。同时，秸秆还田措施还提高了干湿交替土壤团聚体中有机碳的化学组成和矿物含量，促进有机-矿物复合体的形成，增加团聚体稳定性，改善土壤物理化学性状，提高作物产量。

二、秸秆还田磷肥替减率

由图3-13可知，4种主要农作物秸秆还田磷肥替减率范围为19.0%～31.2%，平均值23.9%。水田秸秆还田磷肥替减率平均值（31.2%）较旱地秸秆还田磷肥替减率平均值（23.0%）高出8.2个百分点。不同的种植制度下，水旱轮作秸秆还田比旱地轮作高18.0～24.8个百分点，表明旱地轮作秸秆还田磷肥替减潜力低

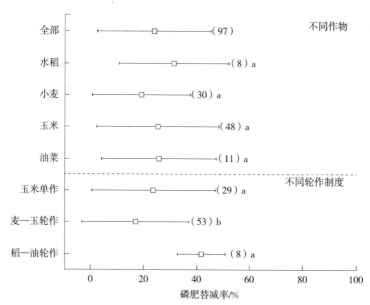

图3-13 不同作物和轮作制度下秸秆还田的磷肥替减率

于水旱轮作，水旱轮作体系秸秆还田磷肥替减潜力更高。不同供磷能力的田块，秸秆还田的磷肥替减率也存在差异。秸秆还田磷肥替减率高于氮肥，主要原因为秸秆投入不仅提高了土壤磷输入，而且秸秆中碳输入促进了土壤磷活化。Gupta 等（2007）研究发现稻—麦轮作下秸秆添加可以促进土壤磷的矿化，通过增加土壤磷的释放，提高土壤活性磷有效性。

三、秸秆还田钾肥替减率

由图 3-14 可知，4 种主要农作物秸秆还田的钾肥替减率范围为 40.7%～52.8%，平均值 43.5%。旱地轮作秸秆还田钾肥替减率较水旱轮作高出 17.1 个百分点。不同钾水平土壤的秸秆还田钾肥替减率差异显著（$P<0.05$）。钾以离子态存在于秸秆中，使秸秆钾易于迁移。戴志刚等研究表明，不同作物秸秆在土壤中培养 12 d 后钾释放率均达到了 98%。正因其易迁移，相较于旱地，水田中的秸秆钾更易淋失，故旱地轮作秸秆还田钾肥替减率较水旱轮作更高。

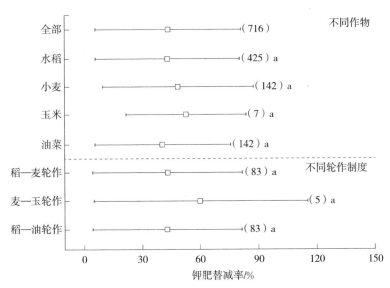

图 3-14　不同作物和轮作制度下秸秆还田钾肥替减率

四、不同养分供应能力的土壤秸秆还田化肥替减的差异

不同有机质含量的秸秆还田氮肥替减率（图3－15）表现为：中、低水平有机质含量田块的氮肥替减率平均值分别为12.1%、11.4%，比土壤高水平有机质含量的田块氮肥替减率平均高出5.0个百分点、4.5个百分点。在有机质含量相似的田块中，不同作物的氮肥替减率差异不显著（$P \geqslant 0.05$）。中、高磷田块的秸秆还田

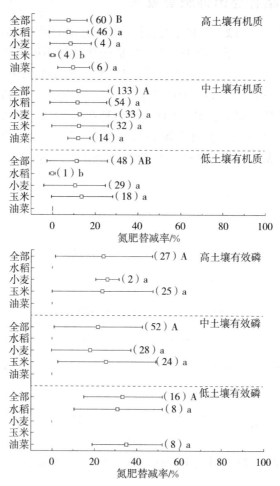

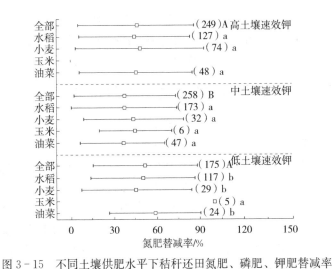

图 3-15　不同土壤供肥水平下秸秆还田氮肥、磷肥、钾肥替减率

磷肥替减率平均值分别为 21.8%、24.2%，比低磷田块秸秆还田磷肥替减率平均值（33.3%）低 11.5 个百分点、9.1 个百分点。相似磷水平田块，不同作物秸秆还田磷肥替减率无显著差异（$P \geqslant$ 0.05）。中、高钾水平的土壤秸秆还田钾肥替减率平均值分别为 37.8%、45.8%，低钾水平土壤秸秆还田钾肥替减率（平均值 52.0%）低 14.2 个百分点、6.2 个百分点。在相似土壤钾水平下，不同作物秸秆还田钾肥替减率无显著差异（$P \geqslant 0.05$）。

　　不同养分供应能力土壤的秸秆还田化肥替减潜力差异可以归因于土壤基础地力差异导致的施肥增产空间不同，即肥料贡献率的不同。徐霞等（2019）通过 885 个玉米田间试验研究表明，在平衡施肥的条件下，基础地力产量<4 t/hm² 的地块其化肥增产率平均达 93.23%，而基础地力产量>8 t/hm² 的地块其化肥增产率仅为 14.44%；李继福等研究表明，不同供钾能力的稻田中，秸秆还田中钾、低钾田块的产量增幅为 12.6%、12.5%，而在高钾田块的产量增幅仅为 7.7%。河南小麦基础地力从产量水平<3.0 t/hm² 到产量水平>6.0 t/hm²，地力贡献率从 43.6%提高到 80.3%，而肥料贡献率随地力水平提高从>50%下降至不足 15%；在肥力较高的黑土地带，肥料施用对玉米产量的贡献平均仅为 11.9%～ 23.4%。对于养分供应能力弱的土壤，秸秆还田可以有效补充土壤养分，提高基础地力，从而减少作物对化肥的依赖。

五、秸秆还田替减化肥量及其经济效应

2020 年中国主要大田作物水稻、小麦、玉米、油菜种植面积分别为 3 007.60 万 hm^2、2 338.00 万 hm^2、4 126.40 万 hm^2、676.50 万 hm^2（表 3-8），种植总面积约为 1.01 亿 hm^2。4 种农作物肥料施用总量为 3 751.01 万 t，单位施肥量为 246.60～424.80 kg/hm^2。按照不同农作物秸秆还田氮肥、磷肥、钾肥替减率分别为 10.6%～13.7%、19.0%～31.2%、40.7%～52.9% 计算，全国 4 种主要农作物秸秆还田可分别替减氮肥（N）10.12 万～106.17 万 t、磷肥（P_2O_5）10.52 万～96.09 万 t、钾肥（K_2O）15.16 万～203.01 万 t，合计可减少中国 2020 年氮肥、磷肥、钾肥消费量的 12.6%、25.0% 和 48.5%。水稻、小麦、玉米、油菜秸秆还田化肥总养分替减量分别为 248.88 万 t、229.24 万 t、405.27 万 t、35.80 万 t，合计可节约化肥 919.19 万 t。按照近三年化肥均价氮肥（N）4.58 元/kg、磷肥（P_2O_5）5.34 元/kg、钾肥（K_2O）5.48 元/kg 计算，4 种主要农作物秸秆还田分别可节约氮肥、磷肥、钾肥成本分别为 109.69×10^8元、121.60×10^8元、247.69×10^8元，合计节约化肥成本 478.98×10^8元。

表 3-8　中国主要农作物秸秆还田化肥替减潜力与节肥成本

指标	肥料类型	水稻	小麦	玉米	油菜	合计
种植面积/万 hm^2		3 007.60	2 338.00	4 126.40	676.50	10 148.50
单位面积化肥用量/（kg/hm^2）	氮肥（N）	177.35	217.60	187.80	131.25	714.00
	磷肥（P_2O_5）	79.25	105.25	93.90	60.30	338.70
	钾肥（K_2O）	90.80	101.95	93.00	55.05	340.80
	合计	347.40	424.80	374.70	246.60	1 393.50

（续）

指标	肥料类型	水稻	小麦	玉米	油菜	合计
肥料施用总量/万 t	氮肥（N）	533.40	508.75	774.94	88.79	1 905.88
	磷肥(P_2O_5)	238.35	246.07	387.47	40.79	912.68
	钾肥(K_2O)	273.09	238.36	383.76	37.24	932.45
	合计	1 044.84	993.18	1 546.17	166.82	3 751.01
秸秆还田化肥替减率/%	氮肥（N）	10.60	13.10	13.70	11.40	
	磷肥(P_2O_5)	31.20	19.00	24.80	25.80	
	钾肥(K_2O)	43.20	48.60	52.90	40.70	
秸秆还田化肥替减潜力/万 t	氮肥（N）	56.54	66.65	106.17	10.12	239.48
	磷肥(P_2O_5)	74.37	46.75	96.09	10.52	227.73
	钾肥(K_2O)	117.97	115.84	203.01	15.16	451.98
	合计	248.88	229.24	405.27	35.80	919.19
秸秆还田化肥节本/×10^8元	氮肥（N）	25.90	30.53	48.63	4.63	109.69
	磷肥(P_2O_5)	39.71	24.96	51.31	5.62	121.60
	钾肥(K_2O)	64.65	63.48	111.25	8.31	247.69
	合计	130.26	118.97	211.19	18.56	478.98

第五节　秸秆还田与土壤质量和生态系统多功能性的关系

　　土壤肥力是维持土地生产力的基础，也是影响作物产量的重要因素（Du et al.，2013）。而人类的干扰和管理制度极大地影响土壤特性和生化过程，特别是在我国南方早稻—晚稻—油菜集约农业条件下。秸秆还田和免耕对提高土壤肥力具有显著效果，是减少温室气体（GHG）排放、维持和提高作物产量的有效途径（Zhang et al.，2022）。秸秆还田方式对土壤养分循环、微生物群落和胞外酶活性造成强烈影响，以改变土壤生态环境和作物产量（Yemadje et al.，2017）。因此，有必要对不同秸秆还田方式下的土壤特性进行关键评估，以设计和实施更可持续的实践来维持作物产量（Guillot et al.，2021；Zhang et al.，2021）。

一、长期秸秆还田对土壤质量指数的影响

土壤质量是维持作物生产力、保护环境质量和增强动植物健康的综合能力，可通过其理化特性指标进行评估（Bunemann et al.，2018）。最近，人们在不同的农业生态系统中评估了有机替代对土壤质量的影响。在旱地耕作系统中，秸秆还田增加了土壤质量指数（SQI）（Chen et al.，2021；Liu et al.，2022），当秸秆还田量为9 000～13 500 kg/（hm² · 年）时对提高旱地土壤肥力、减少土壤CO_2排放和提高作物产量具有重大贡献（Zhao et al.，2019），并且 Chen 等（2021）研究表明适量增加土壤水分，秸秆还田对土壤质量指数影响更高，那么在稻—稻—油水旱轮作中秸秆还田量和含水量相对较高，秸秆还田对土壤质量指数的影响是否更加强烈有待探究。

我们选择秸秆还田定位试验的 4 个处理：翻耕（CT）、翻耕＋秸秆还田（CTS）、免耕（NT）、免耕＋秸秆还田（NTS），通过采集连续秸秆还田 15 年的油菜和晚稻收获期取 0～20 cm 和 20～40 cm 土壤样品，测定土壤有机碳、全氮、全磷、可溶性有机碳、无机氮、有效磷、微生物生物量碳、微生物生物量氮含量及与碳、氮、磷相关的胞外酶活性。将土壤有机碳、全氮、全磷、可溶性有机碳、无机氮、有效磷、微生物生物量碳、微生物生物量氮指标转换为 0～1，计算秸秆还田和耕作后的 SQI（Zhou et al.，2020）。研究表明，长期秸秆还田和耕作对油菜和水稻季节的 SQI 有显著影响（图 3 - 16）。在 0～20 cm 范围内，油菜季秸秆还田对 SQI 的影响较大（图 3 - 16a）。与 CT 和 NT 相比，CTS 和 NTS 的 SQI 分别显著提高了 40.7％和 22.2％；翻耕 SQI 大于免耕；与 NTS 相比，CTS 的 SQI 显著提高了 21.2％。在 0～20 cm 范围内，水稻季秸秆还田显著影响 SQI（图 3 - 16c）。与 CT 和 NT 相比，CTS 和 NTS 的 SQI 分别增加了 35.3％和 27.8％。而耕作对水稻季的

SQI 没有显著影响。在 20～40 cm 土层中，SQI 主要在油菜季受耕作的影响，与 NT 和 NTS 相比，CT 和 CTS 的 SQI 分别提高了 24.8％和 35.7％（图 3-16b）。在 20～40 cm 土层中，水稻季各处理之间 SQI 没有显著差异（图 3-16d）。

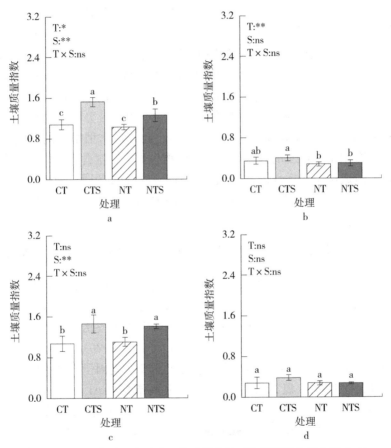

图 3-16　油菜季和水稻季土壤质量指数对秸秆还田和耕作的响应

a. 油菜季 0～20 cm 土层　b. 油菜季 20～40 cm 土层

c. 水稻季 0～20 cm 土层　d. 水稻季 20～40 cm 土层

注：不同小写字母表示不同处理之间的显著性差异（$P < 0.05$）；T 和 S 分别表示处理间和季节间的显著性差异。下同。

在油菜季和水稻季，当秸秆还田时，0～20 cm 土层的 SQI 均增加，而 CTS 处理的 SQI 高于 NTS。这说明秸秆还田是 SQI 增加的主要原因。一般来说，秸秆中的养分释放缓慢，其中一部分进入土壤，另一部分被作物吸收，这有利于土壤质量和作物产量的长期发展（Zhang et al.，2015）。由于农田耕作深度较浅，秸秆残茬和肥料的投入积累在表层土中，导致土壤养分分层（Schneider et al.，2017）。作物类型也是造成土壤养分差异的重要因素。在水稻和旱地作物轮作系统中，随着季节性干湿交替，土壤中元素的形态和有效性同样发生改变，从而影响土壤有效养分含量（范明生等，2008）。水稻种植前的整地过程，将大的土壤颗粒分散促进土壤有机质的分解（Mehmood et al.，2020）。此外，水稻季节的高温和湿度有利于有机质的分解，而旱地作物生长季土壤含水量低、温度低，造成微生物活性同样较低，有利于有机物的积累（范明生等，2008；Li et al.，2022），导致旱地作物生长季土壤质量指数高于水稻季。

二、长期秸秆还田对土壤生态系统多功能性的影响

生态系统多功能性（EMF，即同时提供多种功能）是用于评估生态系统内发生的一系列生物、地球化学和物理过程（Manning et al.，2018）。土壤养分的变化会影响微生物相关元素酶活性的分泌，最终影响生态系统多功能性（Xue et al.，2020）。相反，土壤酶活性是土壤碳、氮、磷等养分转化的重要驱动因子，其活性可作为评价土壤碳、氮、磷转化能力的重要指标（Ai et al.，2012；Chen et al.，2018）。已有多项研究表明，土壤中有效养分（可溶性有机碳、矿质氮、有效磷）的含量与土壤胞外酶活性密切相关（Peterson et al.，2013；Qiu et al.，2016；Koch et al.，2007；Wallenstein et al.，2009）。由于土壤养分之间存在耦合关系（Soussana et al.，2014），土壤胞外酶的活性同样受其他养分含量的影响，如无机氮含量较高会刺激与碳相关胞外酶的活性来分解土壤有机质（Sinsabaugh，2010）。根据微生物养分资源分配理论，

土壤胞外酶活性和土壤养分含量可能负相关,如无机氮含量增加时,微生物吸收氮的难度降低,因此,分泌的氮相关胞外酶的活性降低(Sinsabaugh,2010;Fang et al.,2018)。由此可见,土壤胞外酶活性和碳、氮、磷等养分之间关系尚未达成共识,这可能与外源碳、氮、磷等养分的输入有关。对于秸秆还田和耕作介导的作物产量的改变,尤其是土壤质量、生态系统多功能性和作物产量之间的关系,人们的了解甚少。

我们使用 5 种土壤酶活性(β-葡萄糖苷酶、纤维二糖苷酶、乙酰氨基葡萄糖苷酶、亮氨酸氨基肽酶、酸性磷酸酶)来表示土壤的 EMF。等式中描述的 Z 评分用于标准化酶活性,平均后获得多功能指数。研究表明,土壤 EMF 在 0～20cm 土层中受到秸秆还田和耕作措施的强烈影响。在油菜季,与 CT 和 NT 相比,CTS 和 NTS 的土壤 EMF 分别增加 141.1％和 104.2％(图 3 - 17a);与 NT 和 NTS 相比,CT 和 CTS 的土壤 EMF 分别增加 24.2％和 46.7％。在水稻季,与 CT 相比,CTS 的土壤 EMF 显著增加了 84.1％(图 3 - 17b)。在 20～40 cm 土层中,油菜季各处理之间没有差异(图 3 - 17d)。然而,在水稻季,与 CT 相比,CTS 的土壤 EMF 显著降低了 11.6％(图 3 - 17e)。土壤 EMF 的差异主要在 0～20 cm 土层,并随着 SQI 的增加而增加(图 3 - 17c 和图 3 - 17f)。

土壤的酶活性在很大程度上受化学性质变化的影响(Allison et al.,2006)。在作物生长季节,有机质和有效养分随着秸秆的投入而增加,这些营养作为微生物生长的可用基质,增加了土壤 MBC、MBN 含量,并刺激了微生物的碳代谢,从而通过酶的产生加速了细胞构建元素氮和磷的利用和同化(Ge et al.,2010;Zhang et al.,2020)。然而,在水稻季,土壤微生物活性高,对土壤有效养分的需求高,导致水稻季土壤中的 DOC、矿质氮和有效磷含量降低。土壤有效养分的缺乏导致微生物分泌更多的酶,以改善有机质的矿化(Peterson et al.,2013;Zhou and Staver,2019)。因此,土壤养分含量的高低都会影响土壤胞外酶的分泌。本研究表明,秸秆还田增加了土壤 EMF。由于土壤养分可用性的

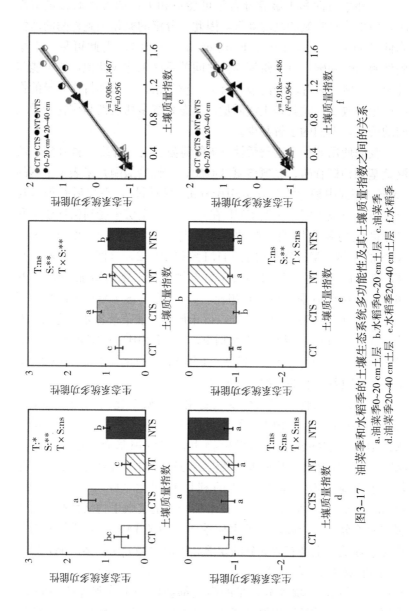

图3-17　油菜季和水稻季的土壤生态系统多功能性及其土壤质量指数之间的关系

a.油菜季0~20 cm土层　b.水稻季0~20 cm土层　c.油菜季

d.油菜季20~40 cm土层　e.水稻季20~40 cm土层　f.水稻季

增加，秸秆增加了碳和氮获取酶的活性，这促进了微生物对酶的分泌，并最终增加了土壤 EMF（Jia et al.，2022）。此外，土壤 EMF 与 SQI 密切相关。土壤 EMF 随着 SQI 的增加而增加，这在 0～20 cm 土层中更加显著。这也表明在农业土壤中，土壤 EMF 受到多种因素的影响。

三、长期秸秆还田下土壤质量、生态系统多功能性与作物产量之间的关系

使用结构方程模型来评估 0～20 cm 秸秆还田、耕作方式、土壤质量指数和生态系统多功能性对油菜和水稻产量的直接和间接影响。结构方程模型分析发现，秸秆还田和耕作方式对油菜季的 SQI 和 EMF 均有显著的积极影响（图 3 - 18a），SQI 对油菜产量有显著正效应。根据方程模型，影响油菜产量的最显著因素是秸秆还田和 SQI，其对作物产量的影响分别为 1.29 和 1.18（图 3 - 18b）。在水稻季，秸秆还田对 SQI、EMF 和水稻产量均有显著的正效应，而耕作方式仅对水稻产量表现出显著正效应（图 3 - 18c）。根据方程模型，影响水稻产量的最显著因素是秸秆还田和 EMF，其对水稻产量的影响分别为 0.66 和 -0.62（图 3 - 18d）。

秸秆还田对作物产量有重大影响。除化学养分的直接影响外，土壤酶活性和微生物也与作物生长密切相关（Liu et al.，2018），

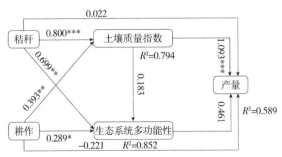

$\chi^2=4.594$, $df=3$, $P=0.204$,
$CFI=0.976$, $RMSEA=0.210$

a

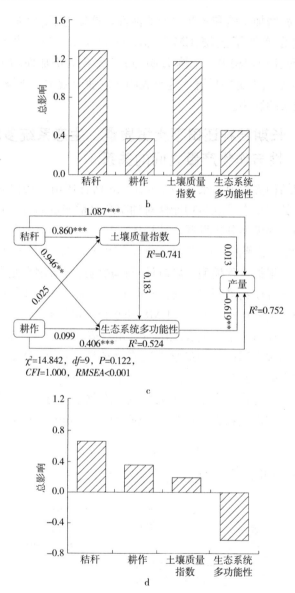

图 3-18　油菜（a）和水稻（c）季秸秆还田和耕作方式对土壤质量
指数、生态系统多功能性和产量的直接和间接影响及不
同因素对油菜（b）和水稻（d）产量的总体影响

因为它们在有机分解和营养循环中发挥作用（Lammirato et al.，2011；Zhong et al.，2017）。本研究表明，在油菜季，秸秆和耕作对 SQI 和土壤 EMF 有显著的积极影响，SQI 对产量有显著影响。这表明秸秆还田和耕作可以通过提高油菜季 SQI 来提高作物产量，秸秆和 SQI 是油菜增产的主要因素。在水稻季，秸秆和耕作对水稻产量均有显著的正向影响，而 SQI 对水稻产量没有显著影响，表明秸秆还田和耕作对水稻产量有直接影响，这可能是由于水稻季节土壤有效养分含量低，秸秆的添加提高了土壤养分的矿化（Fang et al.，2018）。土壤 EMF 对水稻产量的负面影响也间接表明，土壤有效养分含量的降低导致土壤微生物分泌更多的胞外酶来矿化有机养分。本研究中，仅用 5 种胞外酶活性来表征土壤 EMF，指标相对较少。除此之外，土壤温度、含水量、养分含量等都会影响 EMF（张宏锦和王娓，2021）。研究表明，EMF 受环境因子影响较大，旱地与水田土壤环境差异较大，这可能是旱地土壤 EMF 对油菜产量具有正向影响，水田土壤 EMF 对水稻产量产生负向影响的原因之一。此外，土壤 EMF 在旱地和水田计算方法同样可能造成土壤 EMF 对水田和旱地作物产量的影响不同。

主要参考文献

白由路，2009. 高价格下我国钾肥的应变策略 . 中国土壤与肥料，3：1-4.

代文才，高明，兰木羚，等，2017. 不同作物秸秆在旱地和水田土壤的腐解特征及养分释放规律 . 中国生态农业学报，25（20）：188-199.

戴志刚，2009. 秸秆养分释放规律及秸秆还田对作物产量和土壤肥力的影响 . 武汉：华中农业大学 .

戴志刚，鲁剑巍，李小坤，等，2010. 不同作物还田秸秆的养分释放特征试验 . 农业工程学报，26（6）：272-276.

胡乃娟，韩新忠，杨敏芳，等，2015. 秸秆还田对稻麦轮作农田活性有机碳组分含量、酶活性及产量的短期效应 . 植物营养与肥料学报，21（2）：371-377.

李继福，2015. 秸秆还田供钾效果与调控土壤供钾的机制研究 . 武汉：华中农业大学 .

李继福，鲁剑巍，任涛，等，2014. 稻田不同供钾能力条件下秸秆还田替代钾肥效果. 中国农业科学，47（2）：292-302.

刘淑军，李冬初，黄晶，等，2021. 1988—2018 年中国水稻秸秆资源时空分布特征及还田替代化肥潜力. 农业工程学报，37（11）：151-161.

腾珍珍，袁磊，王鸿雁，等，2018. 免耕秸秆覆盖条件下尿素来源铵态氮和硝态氮的累积与垂直运移过程. 土壤通报，49（4）：919-928.

王金龙，2023. 不同秸秆还田方式对稻稻油轮作土壤碳氮磷周转的长期影响. 武汉：华中农业大学.

王昆昆，2023. 秸秆还田提高稻油轮作体系土壤微生物磷循环及磷素利用的机制. 武汉：华中农业大学.

徐霞，赵亚南，黄玉芳，等，2019. 河南省玉米施肥效应对基础地力的响应. 植物营养与肥料学报，25（6）：991-1001.

薛斌，2020. 秸秆还田下稻—油轮作土壤中团聚体的胶结物特点与稳定性. 武汉：华中农业大学.

朱丹丹，2022. 钾素管理措施对稻油轮作体系土壤钾素肥力的影响及其机制. 武汉：华中农业大学.

Atere C T，Ge T D，Zhu Z K，et al.，2019. Assimilate allocation by rice and carbon stabilisation in soil：effect of water management and phosphorus fertilization. Plant and Soil，445：153-167.

Bi Q F，Li K J，Zheng B X，et al.，2020. Partial replacement of inorganic phosphorus（P）by organic manure reshapes phosphate mobilizing bacterial community and promotes P bioavailability in a paddy soil. Science of the Total Environment，703：134977.

Brookes P，2001. The soil microbial biomass：concept，measurement and applications in soil ecosystem research. Microbes and Environments，16：131-140.

Bünemann E K，Keller B，Hoop D，et al.，2013. Increased availability of phosphorus after drying and rewetting of a grassland soil：processes and plant use. Plant and Soil，370：511-526.

Chen Q，Liu Z，Zhou J，et al.，2021. Long-term straw mulching with nitrogen fertilization increases nutrient and microbial determinants of soil quality in a maize-wheat rotation on China's Loess Plateau. Science of the Total Environment，775：145930.

Erlacher A, Cernava T, Cardinale M, et al. , 2015. Rhizobiales as functional and endosymbiontic members in the lichen symbiosis of *Lobaria pulmonaria* L. Frontiers in Microbiology, 6: 53-62.

Gupta R K, Yadvinder S, Ladha J K, et al. , 2007. Yield and phosphorus transformations in a rice-wheat system with phosphorus management crop residue and phosphorus management. Soil Science Society of America Journal, 71 (5): 1500-1507.

Lin Y X, Ye C P, Kuzyakov Y, et al. , 2019. Long-term manure application increases soil organic matter and aggregation, and alters microbial community structure and keystone taxa. Soil Biology and Biochemistry, 134: 187-196.

Ling N, Zhu C, Xue C, et al. , 2016. Insight into how organic amendments can shape the soil microbiome in long-term field experiments as revealed by network analysis. Soil Biology and Biochemistry, 99: 137-149.

Liski J, Nissinen A, Erhard M, et al. , 2003. Climatic effects on litter decomposition from arctic tundra to tropical rainforest. Global Change Biology, 9: 575-584.

Liu H, Du X, Li Y, et al. , 2022. Organic substitutions improve soil quality and maize yield through increasing soil microbial diversity. Journal of Cleaner Production, 347: 131323.

Liu L, Gundersen P, Zhang T, et al. , 2012. Effects of phosphorus addition on soil microbial biomass and community composition in three forest types in tropical China. Soil Biology and Biochemistry, 44: 31-38.

Ma L J, Kong F X, Wang Z, et al. , 2019. Growth and yield of cotton as affected by different straw returning modes with an equivalent carbon input. Field Crops Research, 243: 107616.

Mahmud K, Panday D, Mergoum A, et al. , 2021. Nitrogen losses and potential mitigation strategies for a sustainable agroecosystem. Sustainability, 213 (4): 1-23.

Manning P, Van Der Plas F, Soliveres S, et al. , 2018. Redefining ecosystem multifunctionality. Nature Ecology and Evolution, 2: 427-436.

Mehmood I, Qiao L, Chen H, et al. , 2020. Biochar addition leads to more soil organic carbon sequestration under a maize-rice cropping system than continuous flooded rice. Agriculture Ecosystems and Environment，298：106965.

Muhammad I，Wang J，Sainju U M，et al.，2021. Cover cropping enhances soil microbial biomass and affects microbial community structure：A meta-analysis. Geoderma，381：114696.

Portela E，Monteiro F，Fonseca M，et al.，2019. Effect of soil mineralogy on potassium fixation in soils developed on different parent material. Geoderma，343：226-234.

Qiu G，Zhu M，Contin M，et al.，2020. Evaluating the 'triggering response' in soils，using ^{13}C-glucose，and effects on dynamics of microbial biomass. Soil Biology and Biochemistry，147：107843.

Schneider F，Don A，Hennings I，et al.，2017. The effect of deep tillage on crop yield-What do we really know? Soil and Tillage Research，174：193-204.

Sinsabaugh R L，2010. Phenol oxidase，peroxidase and organic matter dynamics of soil. Soil Biology and Biochemistry，42：391-404.

Tian J H，Kuang X Z，Tang M T，et al.，2021. Biochar application under low phosphorus input promotes soil organic phosphorus mineralization by shifting bacterial *phoD* gene community composition. Science of the Total Environment，779：146556.

Wang K K，Hu W S，Xu Z Y，et al.，2020. Seasonal temporal characteristics of in situ straw decomposition in different types and returning methods. Journal of Soil and Plant Nutrition，22 (4)：4228-4240.

Wang K K，Ren T，Yan J Y，et al.，2023. Straw residue incorporation：Influence on soil microbial biomass and carbon. Soil Use and Management，40 (1)：1-13.

Wang X Y，Sun B，Mao J D，et al.，2012. Structural convergence of maize and wheat straw during two-year decomposition under different climate conditions. Environmental Science and Technology，46：7159-7165.

Yan S S，Song J M，Fan J S，et al.，2020. Changes in soil organic carbon fractions and microbial community under rice straw return in Northeast China. Global Ecology and Conservation，22：e00962.

Zhao H，Liu J，Chen X，et al.，2019. Straw mulch as an alternative to plastic film mulch: Positive evidence from dryland wheat production on the Loess Plateau. Science of the Total Environment, 676: 782-791.

Zhao H L, Shar A G, Li S, et al. , 2018. Effect of straw return mode on soil aggregation and aggregate carbon content in an annual maize-wheat double cropping system. Soil and Tillage Research, 175: 178-186.

Zhao Z H, Gao S F, Lu C Y, et al. , 2021. Effects of different tillage and fertilization management practices on soil organic carbon and aggregates under the rice-wheat rotation system. Soil and Tillage Research, 212: 105071.

第四章　秸秆还田对土壤物理性状的影响

第一节　秸秆还田对土壤团聚体的影响

土壤团聚体被认为是土壤结构的基本单位，是储存碳、氮、磷等养分的主要场所，它们的形成和稳定显著影响碳、氮、磷养分的储存和周转（Six et al.，2002；Bachmann et al.，2008）。

通常，土壤团聚体的形成和有机碳固存是相互促进的过程，土壤团聚体的形成是由新鲜有机质诱导的。有机质是 $100\sim200\ \mu m$ 团聚体形成的核心，其表面可将土壤黏粒和微团聚体吸附形成大团聚体，为有机质提供了空间上的不可接近性，以减少微生物的攻击（Bachmann et al.，2008）。由于小团聚体中的土壤孔隙较小，随着团聚体尺寸的减小，其中的有机碳保护通常得到提高（Six et al.，2002），因此，土壤团聚体的大小与团聚体中有机碳的周转时间呈负相关关系。Jastrow 等（1998）研究表明，随着牧场土壤中团聚体尺寸的减小，有机碳周转时间从 74 年增加到 412 年；Yamashita 等（2006）发现，玉米地土壤表层的团聚体中的有机碳的平均年龄在大团聚体（$>250\ \mu m$）中为 $63\sim69$ 年，在微团聚体（$250\sim53\ \mu m$）中为 76 年，在淤泥＋黏土（$<53\ \mu m$）中为 102 年，无团聚体保护的游离颗粒有机质（C-POM）中的碳周转速度最快，大团聚体中 C-POM 的平均周转时间低于微团聚体。因此，土地利用变化显著影响土壤团聚体碳、氮、磷的储存和周转。水旱轮作具有季节性干湿交替、复种指数高的特点，对土壤团聚体的形

成影响较大。

秸秆还田可以通过补充新鲜有机物、增加腐殖质比例和土壤团聚体结构以及提高土壤微生物活性来提高土壤团聚体的稳定性（Blanco-Canqui et al.，2008）。秸秆还田后可以产生有机颗粒或胶体，与土壤中的矿质颗粒结合形成微团聚体，为更大粒级团聚体的形成提供物质基础（Song et al.，2009；Zhang et al.，2017）。秸秆还田措施能够显著增加土壤大团聚体和降低粉＋黏粒组分的百分含量，且随着有机碳投入量的增加，大团聚体含量增加（Zhao et al.，2018）。从土壤团聚体的电镜扫描结果中也可以看出，在未秸秆还田处理下，2～5 mm 粒级团聚体的表面更光滑，颗粒组成较小且排列紧密，孔隙较少；但在秸秆还田处理下，团聚体的表面颗粒组成更大，孔隙更加明显（薛斌，2020）。

团聚体的稳定性是一项重要的土壤物理指标，极易受到秸秆还田的影响。大多数的研究表明，秸秆覆盖还田可以增加土壤团聚体的稳定性（Singh et al.，2006；Blanco-Canqui et al.，2009；李涵等，2012；王海霞等，2012）。Blanco-Canqui 和 Lal（2009）认为秸秆覆盖导致土壤团聚体稳定性增加的原因可能有 3 个：①秸秆覆盖可以隔绝土壤，缓解降雨、干湿交替及冻融交替等对土壤表面的影响，降低土壤团聚体因物理因素而发生分解的可能性；②秸秆还田之后可以释放一些物质包括多糖、腐植酸、有机黏液等，这些物质可以将初级的和次级的土壤颗粒黏结起来，进而形成稳定的团聚体；③秸秆还田可以刺激土壤微生物和动物的活性，进而促进其在土壤团聚体形成过程中发挥作用。

但也有一些结果显示，秸秆覆盖还田对土壤团聚体的稳定性没有明显影响，Karlen 等（1994）发现连续 10 年的秸秆覆盖还田并没有导致土壤团聚体稳定性的明显增加。Roldán 等（2003）将秸秆全量还田作为对照比较不同比例的移除作物秸秆之后土壤团聚体稳定性的变化，试验进行了 5 年，发现不同处理之间土壤团聚体稳定性并没有显著差异。

有研究指出，秸秆覆盖对土壤团聚体稳定性的影响大小取决于还田秸秆的数量和质量。Gantzer 等（1987）研究发现，玉米秸秆还田土壤团聚体的稳定性要高于大豆秸秆还田，原因可能是大豆秸秆碳氮比较低、腐解较快，对土壤的保护作用小于腐解较慢的玉米秸秆。除此之外，玉米秸秆富含多糖及木质素等黏胶类物质，这可能也是玉米秸秆还田之后团聚体稳定性更高的原因。Skidmore 等（1986）的结果显示，秸秆还田量较大的处理的土壤团聚性更好。

秸秆翻压还田对土壤团聚体的稳定性也有明显影响。张鹏等（2012）的研究结果表明，通过 4 年连续的秸秆翻压还田，表征土壤团聚体稳定性的各项指标，如＞0.25 mm 团聚体的含量、团聚体的平均重量直径（MWD）及几何平均直径（GMD），均有明显的提高，说明土壤的结构得到了明显的改善，这与 Kushwaha 等（2000）得到的结果基本一致，但与田慎重等（2013）的结果有所不同。后者发现在接近 10 年秸秆翻压还田之后，土壤团聚体的平均重量直径与秸秆不还田相比并没有明显的变化。Bossuyt 等（2001）认为，秸秆翻压还田提升土壤团聚体稳定性作用的大小与还田秸秆的质量有很大的关系，与碳氮比较低的秸秆相比，碳氮比较高的秸秆还田之后土壤大团聚体所占的比例有明显提升。除还田秸秆质量这一因素之外，土壤本身性质的差异也可能导致秸秆还田对土壤团聚体稳定性的影响大小的改变。有研究指出，在质地偏沙性的土壤上，秸秆翻压还田非常有利于土壤团聚体的稳定性提高，而在黏性很强的土壤上效果则相对较差（Yadvinder-Singh et al.，2005）。

此外，土壤结构还受到种植制度的影响。张倩等（2017）研究结果表明，小麦季土壤大团聚体（＞2mm）含量高于水稻季，而微团聚体和粉＋黏粒含量正好相反。Huang 等（2016）研究结果表明，小麦季土壤大团聚体（＞0.25 mm）和微团聚体（0.25～0.053 mm）含量显著高于水稻季，但粉＋黏粒含量呈现相反的趋势，可能是因为小麦种植期间的好氧条件促进了微生物产生更多的有机胶结物质，有利于形成大团聚体。小麦季土壤中微团聚体和粉＋黏粒团聚形成大团聚，这是大团聚体形成的基础路径已经被普遍认可（Tisdall et al.，1982；Six et al.，1998）。水稻种植过程中，频繁的耕作扰动造成小麦季新形成的大粒级团聚体破碎成粉＋黏粒组分和微团聚体（Timsina and Connor，2001）。除此之外，水稻季淹水造成的厌氧还原条件抑制了微生物的活动和次级代谢产物的分泌，也可以将有机铁矿质复合体还原溶解，不利于团聚体的形成（Duiker et al.，2003；Tombácz et al.，2004；Kögel-Knabner et al.，2010）。

我们基于稻—稻—油轮作秸秆还田长期定位试验研究发现（图 4-1），相较于免耕秸秆不还田措施（NT），免耕秸秆还田处

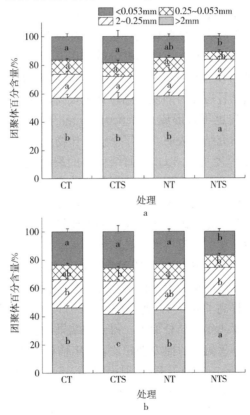

图 4-1　长期秸秆还田对土壤 0～20 cm（a）和 20～40 cm（b）团聚体百分含量的影响

注：图中不同小写字母表示同一粒径不同处理间差异显著。

理（NTS）能够显著提高农田耕层（0～20 cm）土壤＞2 mm 大团聚体的百分含量，且这一现象与更深层次（20～40 cm）土壤相一致。与传统耕作方式（CT）相比，免耕（NT）处理下农田耕层（0～20 cm）土壤＞2 mm 大团聚体的百分含量也有所提高。这说明免耕和秸秆还田均能够促进土壤大团聚体的形成。

第二节　秸秆还田对土壤容重的影响

土壤结皮是土壤表面普遍存在的致密层，厚度为数毫米至几厘米，其表面强度较大，空隙较细，且导水性较差（胡霞等，2005）。土壤结皮是在雨滴冲溅和土壤黏粒分散作用下，土壤表面的空隙被堵塞后形成的（Le Bissonnais，1996）。Kladivko 等（2004）发现在表面有大量秸秆覆盖时即便在黏粒含量很高、有机质含量很低的土壤上表面结皮也很难形成。Blanco-Canqui 等（2006）在美国俄亥俄州进行的研究结果表明，在旱季没有作物残茬覆盖时，土壤表面形成的结皮厚度可达 3 cm，而结皮间的裂隙宽度可达 0.6 cm。覆盖对土壤结皮的抑制作用可能主要与覆盖在土壤表面的秸秆具有雨滴截获的作用，可缓解土壤表面所受物理冲击有关。

容重和孔隙度是反映土壤紧实度的重要指标。一般来说，秸秆覆盖可以减少土壤的容重、增加孔隙度。袁家富（1996）研究了短期稻草覆盖还田对土壤理化性质的影响，结果表明一季小麦收获后，稻草覆盖处理的土壤容重比不覆盖处理降低了 6.4%，而土壤的总孔隙度则提高了 6.6%。曹继华等（2011）在稻—油轮作的田块上连续进行了 4 年的秸秆覆盖，得到的结果与袁家富的短期试验结果相似，与不覆盖的对照处理相比，4 年秸秆覆盖处理的土壤容重降低了 17.3%，而总孔隙度则提升了 15.7%。Głab 和 Kulig（2008）探讨了不同耕作方式下秸秆覆盖对土壤物理性质的影响，他们发现在传统翻耕条件下秸秆覆盖对土壤容重和孔隙度的影响较小，而少耕条件下秸秆覆盖则可以明显地降低土壤的容重、增加孔隙度。此外，他们还对孔隙按照尺寸的大小进行了分级，结果表明少耕条件下，秸秆覆盖可以明显地提高 50～1 000 μm 大小的孔隙数量，但对其他尺寸的孔隙影响较小。

秸秆翻压还田对土壤容重和孔隙度的影响与覆盖还田相似。Gangwar 等（2006）3 年的田间试验显示，秸秆翻压还田平均可降低土壤容重 0.04 mg/m³，差异显著。劳秀荣等（2002）14 年的定位试验结果表明，无论在沙壤土还是在中壤土上，秸秆翻压还田均可起到降低土壤容重、增加土壤孔隙度的效果。Singh 等（2007）发现，在水稻—小麦轮作系统中，单施秸秆、单施绿肥或秸秆绿肥配施均可改善土壤的物理性质，但配施的效果更为明显，配施处理的土壤容重可在单施基础上进一步降低 8.6%。王珍和冯浩（2009）探讨了不同尺寸秸秆翻压还田后土壤物理性质的变化，他们发现无论哪种尺寸的秸秆翻压还田均可明显地降低土壤容重，增加土壤的孔隙度，但是不同尺寸处理之间土壤容重和孔隙度的差异并不显著。

通过整合分析结果发现（图 4-2），在不同秸秆还田方式下，土壤容重显著降低。秸秆还田量为＜6 000 kg/hm²、6 000～9 000 kg/hm²、

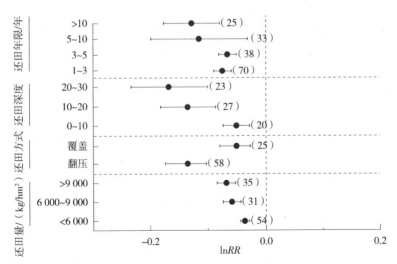

图 4-2 不同秸秆还田方式对土壤容重的影响

＞9 000 kg/hm² 时，土壤容重分别降低了 6.04％、3.71％、7.06％。从不同还田方式与还田深度对土壤容重的影响来看，秸秆翻压还田对土壤容重的影响较覆盖还田增加了 9.21％，还田深度 20～30 cm 较 0～10 cm 及 10～20 cm 土壤容重分别降低了 13.06％和 3.87％。秸秆还田年限＞10 年土壤容重的降幅最为显著，达到 13.72％。

第三节　秸秆还田对土壤水热状况的影响

土壤温度是非常关键的土壤物理指标。有研究显示，土壤-作物系统中种子的萌发和出苗，作物的生长发育，土壤水分的储存、迁移和蒸发，土壤空气的组成和气体排放，土壤微生物的活性，土壤养分的有效性，以及其他很多土壤过程都受到土壤温度的影响（Parkin et al.，2003；Van Donk et al.，2004）。秸秆覆盖还田可以引起土壤温度的变化。邓力群等（2003）认为由于秸秆的导热率低，既能阻隔太阳辐射热传导，亦能防止地面向大气散热，在一日当中能够平抑地温变化，缩小昼夜温差。秸秆覆盖的这种保温效应也得到 Sauer 等（1996）和 Sharratt（2002）的证实，他们的结果也显示秸秆覆盖条件下白天的土壤温度一般相对较低，而夜间则相对较高。Bristow（1988）的研究表明，秸秆覆盖保温作用的大小受到土壤水分状况的控制，降雨之后土壤水分含量较高，秸秆覆盖的保温作用较小，随着土壤逐渐变干保温作用越来越明显。

秸秆覆盖在不同的季节对土壤温度的影响不同。一般来说，秸秆覆盖可在冬季提高土壤温度，而在其他季节则会导致土壤温度的降低（Blanco-Canquie et al.，2006；Chen et al.，2007；Balwinder-Singh et al.，2011）。付国占等（2005）的研究显示，夏玉米季覆盖小麦秸秆在整个生育期平均可降低土壤温度 0.7 ℃。Sharratt（2002）的研究结果则表明，在冬季近地表的土壤温度当有秸秆覆盖时平均可提高 2 ℃。秸秆覆盖对土壤温度的改变对于不同季节生长的作物各有利弊。对于冬季作物，秸秆覆盖冬季的增温效应有利于其安全越冬（曾木祥等，1997），但在春季其降温效应也可能延迟作物的返青，进而影响其冬后的生长（Balwinder-Singh et al.，2011；Zhou et al.，2011）。对于夏季作物，秸秆覆盖的降温效应有利于缓解高温对根系生长的胁迫，同时温度的降低也可减少土壤水分的无效蒸发，为作物的生长保蓄水分。而对于春季播种的作物而言，秸秆覆盖降温效应则会延迟作物出苗，限制生育前期作物的正常生长（Arshad et al.，2003）。

我们通过监测秸秆覆盖还田下冬油菜越冬期的土壤温度发现，苗期进行稻草覆盖对 0～5 cm 和 5～10 cm 土层具有明显的保温作用（表 4-1）。随着土层深度的增加，稻草覆盖的保温作用逐渐减弱，在 10～20 cm 土层，稻草覆盖还田处理（NT＋SM）与免耕不覆盖处理（NT）的土壤温度日较差并没有显著性差异。稻草翻压还田（CT＋SI）对土壤温度的调节作用要弱于稻草覆盖还田，结果显示稻草翻压还田在 5～10 cm 土层具有较好的保温作用。

表 4-1　耕作及稻草还田对油菜苗期土壤温度的影响（℃）

处理		2011 年 11 月 26 日			2011 年 12 月 16 日			2012 年 1 月 15 日			2012 年 2 月 15 日		
		7 h	13 h	日较差	7 h	13 h	日较差	7 h	13 h	日较差	7 h	13 h	日较差
0～5 cm 土层土壤温度	CT	14.3	26.6	12.3ab	0.8	13.4	12.6a	−2.7	9.3	12.0a	3.3	16.4	13.1a
	CT＋SI	13.9	25.9	12.0b	1.0	13.6	12.6a	−2.4	9.2	11.6ab	3.3	16.3	13.0a
	NT	12.9	25.8	12.9a	1.1	13.0	11.9a	−2.0	8.8	10.8b	3.6	14.7	11.1b
	NT＋SM	13.4	25.3	11.9b	2.6	11.6	9.0b	0.6	7.6	7.0c	4.5	12.9	8.4c
5～10 cm 土层土壤温度	CT	12.4	20.1	7.7a	3.8	9.9	6.1a	−0.9	5.1	6.0a	3.8	11.6	7.8a
	CT＋SI	12.9	19.8	6.9ab	4.2	10.0	5.8ab	−0.6	5.0	5.6ab	4.1	10.6	6.5b
	NT	12.8	19.1	6.3b	4.5	9.4	4.9b	−0.5	4.8	5.3b	4.2	10.0	5.8b
	NT＋SM	12.5	16.6	4.1c	5.1	8.1	3.0c	1.4	4.2	2.8c	4.7	9.2	4.5c

（续）

处理		2011年11月26日			2011年12月16日			2012年1月15日			2012年2月15日		
		7 h	13 h	日较差	7 h	13 h	日较差	7 h	13 h	日较差	7 h	13 h	日较差
10~20 cm 土层土壤温度	CT	13.9	17.0	3.1ab	6.1	8.1	2.0a	2.6	4.1	1.5a	4.9	8.3	3.4a
	CT+SI	13.9	17.3	3.4a	6.2	7.9	1.7a	2.7	3.9	1.2ab	4.7	8.1	3.4a
	NT	13.7	16.4	2.7ab	6.2	7.7	1.5a	2.9	3.9	1.0ab	4.8	8.1	3.3a
	NT+SM	13.3	15.7	2.4b	6.3	7.8	1.5a	2.9	3.8	0.9b	4.7	7.6	2.9a

注：CT为传统耕作处理，CT+SI为稻草翻压还田处理，NT为免耕不覆盖处理，NT+SM为稻草覆盖还田处理。

水分含量是土壤物理性状的关键组成参数，其对秸秆还田极为敏感。袁家富（1996）研究表明，在冬小麦季覆盖 3 000 kg/hm² 稻草时，无论是在雨后还是干旱时测定，稻草覆盖均较裸地土壤含水量高，说明稻草覆盖于表土不仅能在降雨过程中使土壤积蓄较多的水分，更重要的是干旱条件下能减少土壤水分蒸发，具有明显的保墒效果。Chen 等（2007）比较了秸秆不覆盖、少覆盖和多覆盖条件下土壤蒸发及土壤含水量的差异，结果表明秸秆不覆盖处理在整个小麦生育期的土壤水分蒸发量为 137 mm，而少覆盖和多覆盖条件下土壤水分蒸发量分别可较不覆盖处理减少 29 mm 和56 mm。由于蒸发的减少，少覆盖和多覆盖处理在整个小麦生育期内的土壤含水量均明显高于不覆盖处理。Sharma 等（2011）研究了小麦—玉米轮作系统中不同材料覆盖对物理性质和作物产量的影响，结果显示秸秆覆盖处理的水分入渗速率和土壤含水量均明显高于不覆盖处理，在小麦季和玉米季的水分入渗速率的提高幅度分别为 15.0％和15.2％，土壤含水量的提高幅度为 19.2％和22.4％。有研究指出，秸秆覆盖导致土壤含水量提高的原因有 3 个：一是秸秆覆盖可以增加水分的入渗、减少水分的流失；二是秸秆覆盖可以抑制水分的蒸发；三是秸秆覆盖可以提高土壤的有机质含量，进而增加土壤的蓄水能力（Blanco-Canqui et al.，2009）。

秸秆翻压还田也可改善土壤的水分状况，Singh 等（1996）和 Borresen（1999）的研究结果均表明，秸秆翻压还田之后土壤含水量有明显提升。秸秆翻压还田之所以能够改善土壤水分状况除与有机质增加、土壤蓄水保墒能力提高有关外，还可能与翻压秸秆的水吸附作用有关。Sain 和 Broadbent（1975）、Venkateshwaran 等（2011）和 Shaver 等（2013）的研究结果均证明，秸秆具有一定的水吸附能力，是较好的保水剂。

我们研究发现，稻草覆盖对 0～30 cm 土层的土壤水分状况有明显的改善作用。与免耕不覆盖处理（NT）相比，整个生育期稻草覆盖处理（NT＋SM）0～10 cm、10～20 cm 和 20～30 cm 土层的土壤含水量平均分别提高了 12.3％、5.8％和 12.3％，差异显著。稻草翻压还田对土壤水分状况的改善作用仅限于 0～20 cm 土层，而且效果弱于稻草覆盖还田。

土壤储水量的结果表明（表 4 - 2），稻草覆盖还田处理明显增加了 0～30 cm 土层的土壤储水量，与免耕不覆盖处理相比，整个油菜生育期平均的增加幅度达到 9.8％，差异显著。稻草翻压还田也可提高 0～30 cm 土层的土壤储水量，但提高幅度低于稻草覆盖还田。

表 4 - 2　耕作及稻草还田对油菜不同生育时期 0～30 cm 土壤储水量的影响

处理	0～30 cm 土壤储水量/mm				
	冬前期	越冬期	抽薹期	角果期	成熟期
CT	95.6c	92.1b	109.1c	92.8c	103.4c
CT＋SI	99.7bc	97.6b	111.9c	95.9bc	107.5bc
NT	105.0b	101.4b	119.7b	99.8b	106.4b
NT＋SM	118.8a	115.1a	128.4a	105.6a	116.4a

主要参考文献

曹继华，刘樱，赵小蓉，等，2011. 不同秸秆覆盖耕作方式对稻—油轮作土壤理化性状的影响 . 西南农业学报，24：2101-2105.

邓力群，陈铭达，刘兆普，等，2003. 地面覆盖对盐渍土水热盐运动及作物生长的影响. 土壤通报，34：93-97.

范明生，江荣风，张福锁，等，2008. 水旱轮作系统作物养分管理策略. 应用生态学报，19（2）：424-432.

付国占，李潮海，王俊忠，等，2005. 残茬覆盖与耕作方式对土壤性状及夏玉米水分利用效率的影响. 农业工程学报，21：52-56.

胡霞，蔡强国，刘连友，等，2005. 人工降雨条件下几种土壤结皮发育特征. 土壤学报，42（3）：504-507.

劳秀荣，吴子一，高燕春，2002. 长期秸秆还田改土培肥效应的研究. 农业工程学报，18：49-52.

李涵，张鹏，贾志宽，等，2012. 渭北旱塬区秸秆覆盖还田对土壤团聚体特征的影响. 干旱地区农业研究，30：27-33.

苏伟，2014. 稻草还田对油菜生长、土壤肥力的综合效应及其机制研究. 武汉：华中农业大学.

田慎重，王瑜，李娜，等，2013. 耕作方式和秸秆还田对华北地区农田土壤水稳性团聚体分布及稳定性的影响. 生态学报，33：7116-7124.

王海霞，孙红霞，韩清芳，等，2012. 免耕条件下秸秆覆盖对旱地小麦田土壤团聚体的影响. 应用生态学报，23（4）：1025-1030.

王珍，冯浩，2009. 秸秆不同还田方式对土壤结构及土壤蒸发特性的影响. 水土保持学报，23：224-228.

薛斌，2020. 秸秆还田下稻-油轮作土壤中团聚体的胶结物特点与稳定性. 武汉：华中农业大学.

袁家富，1996. 麦田秸秆覆盖效应及增产作用. 生态农业研究，4（3）：61-65.

曾木祥，张玉洁，1997. 秸秆还田对农田生态环境的影响. 农业环境与发展（1）：1-7，48.

张倩，2017. 长期施肥下稻麦轮作体系土壤团聚体碳氮转化特征. 北京：中国农业科学院.

Arshad M A，Azooz R H，2003. In-row residue management effects on seed-zone temperature，moisture and early growth of barley and canola in a cold semi-arid region ion northwestern Canada. American Journal of Alternative Agriculture，18：129-136.

Bachmann J，Guggenberger G，Baumgartl T，et al.，2008. Physical carbon-sequestration mechanisms under special consideration of soil wettability. Journal of Plant Nutrition and Soil Science, 171 (1) : 14-26.

Blanco-Canqui H, Lal R, 2008. Principles of Soil Conservation and Management. New York: Springer.

Blanco-Canqui H, Lal R, 2009. Corn stover removal for expanded uses reduces soil fertility and structural stability. Soil Science Society of America Journal, 73: 418-426.

Blanco-Canqui H, Lal R, Post W M, et al. , 2006. Changes in long-term no-till corn growth and yield under different rates of stover mulch. Agronomy Journal, 98: 1128-1136.

Bossuyt H, Denef K, Six J, et al. , 2001. Influence of Microbial Populations and Residue Quality on Aggregate Stability. Applied Soil Ecology, 16: 195-208.

Bristow K L, 1988. The role of mulch and its architecture in modifying soil temperature. Australia Journal of Soil Research, 26: 269-280.

Chen S Y, Zhang X Y, Pei D, et al. , 2007. Effects of straw mulching on soil temperature, evaporation and yield of winter wheat: field experiments on the North China Plain. Annals of Applied Biology, 150: 261-268.

Cleveland C C, Nemergut D R, Schmidt S K, et al. , 2007. Increases in soil respiration following labile carbon additions linked to rapid shifts in soil microbial community composition. Biogeochemistry, 82: 229-240.

Gangwar K S, Singh K K, Sharma S K, et al. , 2006. Alternative tillage and crop residue management in wheat after rice in sandy loam soils of Indo-Gangetic plains. Soil and Tillage Research, 88: 242-252.

Gantzer C J, Buyanovsky G A, Alberts E E, et al. , 1987. Effects of soybean and corn residue decomposition on soil strength and splash detachment. Soil Science Society of America Journal, 51: 202-206.

Głab T, Kulig B, 2008. Effect of mulch and tillage system on soil porosity under wheat (*Triticum aestivum* L.) . Soil and Tillage Research, 99: 169-178.

Huang X L, Jiang H, Li Y et al. , 2016. The role of poorly crystalline iron oxides in the stability of soil aggregate-associated organic carbon in a rice – wheat cropping system. Geoderma, 279: 1-10.

Jastrow, J D, Miller R M, 1998. Soil aggregate stabilization and carbon sequestration: feedbacks through organomineral associations//In Soil processes and the carbon cycle. Boca Raton : CRC press.

Kladivko E J, Frankenberger J R, Jenkinson B J, et al. , 2004. Nitrate losses to subsurface drains as affected by winter cover crop, fertilizer N rates, and drain spacing. Journal of Environmental Quality, 33 (5): 1803-1813.

Kögel-Knabner I, Amelung W, Cao Z, et al. , 2010. Biogeochemistry of paddy soils. Geoderma, 157: 1-14.

Kushwaha C P, Tripathi S K, Singh K P, 2000. Variations in soil microbial biomass and N availability due to residue and tillage management in a dryland rice agroecosystem. Soil and Tillage Research, 56: 153-166.

Le Bissonnais Y, 1996. Aggregate stability and assessment of crustability and erodibility: 1. Theory and methodology. European Journal of Soil Science, 47: 425 - 437.

Leguédois S, Le Bissonnais Y, 2004. Size fractions resulting from an aggregate stability test, interrill detachment and transport. Earth Surf Processes and Landforms, 29: 1117-1129.

Parkin T B, Kaspar T C, 2003. Temperature controls on diurnal carbon dioxide flux: Implications for estimating soil carbon loss. Soil Science Society of America Journal, 67: 1763-1772.

Rabot E, Wiesmeier M, Schlüter S, et al. , 2018. Soil structure as an indicator of soil functions: A review. Geoderma, 314: 122-137.

Roldán A, Caravaca F, Hernandez M T, et al. , 2003. No-tillage, crop residue additions, and legume cover cropping effects on soil quality characteristics under maize in Patzcuaro watershed (Mexico) . Soil and Tillage Research, 72: 65-73.

Sain P, Broadbent F E, 1975. Moisture absorption, mold growth, and decomposition of rice straw at different relative humidities1. Agron. J. , 67: 759-762.

Sauer T J, Hatfield J L, Prueger J H, 1996. Corn residue age and placement effects on evaporation and soil thermal regime. Soil Science Society of America Journal, 60: 1558-1564.

Saygın S D, Cornelis W M, Erpul G, et al. , 2012. Comparison of different aggregate stability approaches for loamy sand soils. Applied Soil Ecology, 54: 1-6.

Sharma P, Abrol V, Sharma R K, 2011. Impact of tillage and mulch management on economics, energy requirement and crop performance in maize - wheat rotation in rainfed subhumid inceptisols, India. European Journal of Agronomy, 34 (1): 46-51.

Sharratt B S, 2002. Corn stubble height and residue placement in the northern US Corn Belt: Part I. soil physical environment during winter. Soil and Tillage Research, 64: 243-252.

Shaver T M, Peterson G A, Ahuja L R, et al., 2013. Soil sorptivity enhancement with crop residue accumulation in semiarid dryland no-till agroecosystems. Geoderma, 192: 254-258.

Singh G, Jalota S K, Yadvinder-Singh, 2007. Manuring and residue management effects on physical properties of a soil under the rice - wheat system in Punjab, India. Soil and Tillage Research, 94: 229-238.

Six J, Conant R T, Paul E A, et al., 2002. Stabilization mechanisms of soil organic matter: Implications for C-saturation of soils. Plant and Soil, 241: 155-176.

Skidmore E L, Layton J B, Armbrust D V, et al., 1986. Soil physical properties as influenced by cropping and residue management. Soil Science Society of America Journal, 50: 415-416.

Su W, Lu J W, Wang W N, et al., 2014. Influence of rice straw mulching on seed yield and nitrogen use efficiency of winter oilseed rape (*Brassica napus* L.) in intensive rice-oilseed rape cropping system. Field Crops Research, 159: 53-61.

Timsina J, Connor D, 2001. Productivity and management of rice - wheat cropping systems: issues and challenges. Field Crops Research., 69: 93-132.

Tisdall J, Oades J M, 1982. Organic matter and water-stable aggregates in soils. European Journal of Soil Science, 33 (2): 141 - 163.

TombáczE, Libor Z, Illés E, et al., 2004. The role of reactive surface sites and complexation by humic acids in the interaction of clay mineral and iron oxide particles. Organic Geochemistry, 35 (3): 257-267.

Van Donk S J, Tollner E W, Steiner J L, et al. , 2004. Soil Temperature Under A Dormant Bermudagrass Mulch: Simulation And Measurement. Transactions of the ASABE, 47: 91-98.

Venkateshwaran N, ElayaPerumal A, Alavudeen A, et al. , 2011. Mechanical and water absorption behaviour of banana/sisal reinforced hybrid composites. Materials & Design, 32: 4017-4021, 7.

Yadvinder-Singh, Bijay-Singh, Timsina J, 2005. Crop residue management for nutrient cycling and improving soil productivity in rice-based cropping systems in the Tropics. Advance in Agronomy, 85: 269-407.

Yamashita T, Flessa H, John B, et al. , 2006. Organic matter in density fractions of water-stable aggregates in silty soils: effect of land use. Soil Biology & Biochemistry, 38: 3222-3234.

Zhang X F, Xin X L, Zhu A N, et al. , 2017. Effects of tillage and residue managements on organic C accumulation and soil aggregation in a sandy loam soil of the North China Plain. Catena, 156: 176-183.

Zhao H L, Shar A G, Li S, et al. , 2018. Effect of straw return mode on soil aggregation and aggregate carbon content in an annual maize-wheat double cropping system. Soil and Tillage Research, 175: 178-186.

第五章 秸秆还田对生态环境的影响

秸秆还田对生态环境的影响主要通过土壤保护、水土保持、生物多样性保护和气候调节几个方面来实现。具体来说，秸秆还田通过增加土壤有机质的含量、减少水肥流失、改良土壤结构、改善土壤微生态环境等来保护土壤。研究表明，秸秆还田能够显著增加土壤的有机碳含量，平均提高约 12.3％（Xia et al.，2018）。秸秆还田后覆盖土壤表面，减少降雨对土壤的冲刷，防止水土流失，保持土壤的稳定性。这有助于维持水文循环，减少洪涝灾害的发生，并减少农药和化肥对水体的污染。秸秆还田可以降低土壤容重，通过改善土壤团粒结构和增加土壤孔隙度来增强土壤的保水保肥能力，提高作物的抗旱能力。秸秆还田通过改善土壤微生态环境来增强土壤微生物多样性。微生物是土壤养分循环转化的关键，秸秆还田提供了土壤生态系统中的一个重要生境，为土壤微生物和小型生物提供了生存空间和营养来源。秸秆的降解不仅可以提供土壤微生物所需的养分，而且还可以通过微生物活动促进土壤有机质的转化和养分的循环，促进土壤生态系统的健康稳定。除此之外，秸秆还田后通过增加土壤有机质含量，也可以在一定程度上增加土壤碳汇，减少大气中的二氧化碳，缓解温室效应。

总体来说，秸秆还田对于维护生态环境的稳定性和健康具有积极作用，但在实践中需要考虑适量施用、种植结构调整等因素，以平衡农业生产和生态环境保护的关系。

第一节　秸秆还田对温室气体排放的影响

由温室气体引起的全球变暖已成为生态可持续性和粮食生产安全面临的极其严峻的挑战（Wang et al.，2021）。农业生产是人为排放温室气体的主要方面，约占全球人为温室气体排放总量的24%，其中 CH_4 占 44%、N_2O 占 81%、CO_2 占 13%（He et al.，2024）。在百年的尺度范围下，CH_4 和 N_2O 的全球增温潜势是 CO_2 的 25 倍和 298 倍。因此，尽量减少农业系统的温室气体排放对于减轻温室效应、确保生态可持续性和粮食生产安全至关重要。

秸秆还田主要通过将秸秆中的碳转化为土壤有机碳来实现温室气体减排。多项研究表明，秸秆还田显著增加了 CH_4 的土壤排放，主要归因于土壤速效碳含量和微生物活性的提高。同时，化肥对 CH_4 排放的影响不容忽视。Gao 等（2017）发现，稻田进行秸秆还田降低了 CH_4 排放，可能是由于土壤水分管理不同。为了促进秸秆的可持续利用，同时最大限度地减少对环境的影响，研究秸秆还田在不同气候条件、土壤条件和农业管理实践中对温室气体的定性和定量影响至关重要。

一、化肥投入与秸秆还田对氧化亚氮排放的影响

化肥的投入对秸秆还田后温室气体排放有显著影响。这是因为秸秆还田通常会影响土壤可溶性有机碳、氮的有效性，刺激 N_2O 的排放。万小楠等（2022）4 年的观测结果表明，与传统施肥相比，秸秆的添加增加了小麦—玉米轮作体系 35.1%～86.7% 的 N_2O 年累积排放量。马玲等（2020）研究结果则表明，虽然秸秆的添加增加了 N_2O 的排放，但却表现出秸秆覆盖＜秸秆掺入土壤 20～40 cm＜秸秆掺入土壤 0～20 cm 的趋势。Chen 等通过 Meta分析后发现，秸秆的添加对 N_2O 排放的影响随碳氮比的增加而降低，当碳氮比超过 100 时甚至出现负效应。导致这一现象的原因可能是硝化和反硝化作用对有效氮的竞争。

　　我们通过长期定位试验研究水稻—油菜轮作秸秆还田周年的温室气体排放特征发现（图 5-1），不同管理措施在油菜季平均 N_2O 排放通量为 0.000 3～0.534 5 kg/（hm²·d）（以 N 计），而在水稻季则为—0.000 3～0.046 2 kg/（hm²·d）。水稻季平均 N_2O 排放通量低于油菜季。在冬季，N_2O 排放峰值出现在基肥期，其中单施化肥（NPK）和施用化肥配合秸秆还田（NPK＋St）处理分别为 0.375 7～0.441 1 kg/（hm²·d）和 0.402 7～0.534 4 kg/（hm²·d）；在水稻季，各处理 N_2O 排放峰值主要出现在施用穗肥前的晒田时期。

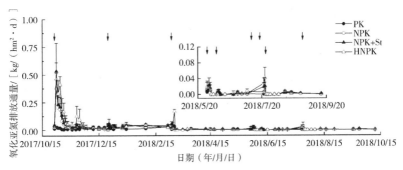

图 5-1　氮素管理对水稻—油菜轮作 N_2O 排放通量的影响（刘煜，2022）
　　注：PK 为不施肥处理，NPK 为单施化肥处理，NPK＋St 为施用化肥配合秸秆还田处理，HNPK 为施用高量化肥处理。图中箭头代表施肥，下同。

　　从 N_2O 排放累积量来看，不同处理油菜季全生育期 N_2O 排放累积量为 2.54～6.85 kg/hm²（以 N 计），占全年 N_2O 排放累积量的 93.72％～94.61％（表 5-1）。相较于 NPK，NPK＋St 处理在基肥期、薹肥＋拔节肥期和全生育期分别增加了 32.46％、42.86％和 16.89％的 N_2O 排放累积量。在水稻季，NPK 和 NPK＋St 处理间则无显著差异。从排放因子来看，与 NPK 处理相比，NPK＋St 处理显著降低了基肥期、薹肥＋拔节肥期的 N_2O 排放因子，而对越冬肥期的 N_2O 排放因子则无显著影响。

表 5-1　氮素管理对水稻—油菜轮作 N_2O 排放累积量和排放因子的影响（刘煜，2022）

指标	氮素管理	油菜季				水稻季		
		基肥期	越冬肥期	薹肥＋拔节肥期	全生育期	基肥＋拔节肥期	穗肥期	全生育期
累积量/(kg/hm^2)	PK	0.21±0.02c	0.16±0.01b	0.05±0.01c	2.54±0.10c	0.03±0.01a	0.00±0.00a	0.17±0.02b
	NPK	1.91±0.27b	0.42±0.07a	0.14±0.01b	5.86±0.20b	0.06±0.02a	0.02±0.01a	0.35±0.04a
	NPK＋St	2.53±0.26a	0.41±0.04a	0.20±0.05a	6.85±0.22a	0.08±0.02a	0.02±0.02a	0.39±0.09a
排放因子	PK	1.57±0.25b	—	0.25±0.01b	1.84±0.05b	0.02±0.02a	0.05±0.03a	0.10±0.02a
	NPK	2.15±0.25a	0.72±0.17a	0.42±0.10a	2.39±0.08a	0.03±0.02a	0.06±0.06a	0.12±0.05a
	NPK＋St	1.68±0.05b	0.70±0.13a	0.23±0.03b	1.66±0.13b	0.02±0.02a	0.03±0.02a	0.10±0.05a

二、秸秆还田方式对温室气体排放的影响

秸秆是一种可以被利用的生物质资源，目前秸秆还田在我国已经进行了一定的推广，但由于存在适用地区较少、还田后会产生一定的负面影响、需要机械配合等问题，全面推广存在困难。如何将秸秆等生物质资源顺利还田，以此培肥改土，减少资源浪费和环境污染，是当前我国农业面临的挑战之一。而将秸秆等生物质资源炭化成生物炭还田，既将废弃的秸秆资源化，又能解决秸秆还田的弊端，同时对作物生长、培肥土壤、提高肥料利用率有良好的作用。

生物炭是将木材、秸秆等农业废弃物、植物落叶等生物质在完全或部分缺氧、高温（400～700℃）条件下，经热裂解炭化形成的高度芳香化难溶富碳固体。其不仅含有大量的营养物质，还具有多

孔结构、高度的稳定性、较强的吸附能力和巨大的比表面积。生物炭首次发现于亚马孙流域的黑土中，有良好的培肥土壤的效果，且其效果能够持续几百年（谢祖彬等，2011）。生物炭有很高的碳含量，一般在 60% 以上，还有氢、氧、氮、硫等元素，其元素含量和种类主要由其原料中元素的含量和种类决定。其具有典型的芳香化结构，主要由高度扭曲、紧密堆积的芳香环片层组成。由于其表面具有多孔结构，因此，生物炭具有较大的比表面积和较高的比表面能。生物炭主要含有羰基、羧基、酚羟基、酸酐、内酯、吡喃酮等基团，表面极性官能团较少，这些结构使生物炭具有稳定的理化性质和很强的吸附能力。生物炭由于具有较高的含碳率、丰富的孔隙结构、比表面积大、理化性质稳定等特点，在固碳减排、改善土壤结构、土壤污染修复等领域得到广泛应用研究（李力等，2011）。

　　将秸秆炭化成生物炭进行还田，能够提高土壤碳库储量，对土壤起到培肥改土的作用，因此，能够有效增加作物产量并提高肥料利用率，一定程度上解决秸秆还田的负面影响。此外，生物炭还有助于减少温室气体排放，生物炭的应用减少了水稻系统的 CH_4 排放和旱地土壤中 N_2O 的排放。然而，水旱轮作中秸秆产生的生物炭可能会导致养分流失、温室气体排放和高生产成本等问题。为实现水旱轮作作物高产、高氮肥利用率和低温室气体排放，笔者团队开展了秸秆直接还田和炭化还田定位试验。

　　我们通过对水稻—油菜轮作不施氮（PK）、常规施肥（NPK）、秸秆双季直接还田（NPK＋S/S）、秸秆双季炭化还田（NPK＋B/B）和水稻季炭化还田-油菜季直接还田（NPK＋B/S）处理温室气体排放的监测发现，不同处理的 N_2O 排放通量在同一季节表现出相似的趋势。N_2O 排放通量受施肥影响显著。N_2O 排放通量在施氮后立即达到峰值。与水稻季相比，油菜季 N_2O 排放通量逐渐减少到几乎为零。从秸秆还田处理的周年 N_2O 累积排放量来看，与 NPK 相比，NPK＋B/B 或 NPK＋B/S 处理均可以降低 N_2O 年累积排放量，而 NPK＋S/S 处理 N_2O 年累积排放量则较 NPK 提高 27.3%。

从水稻—油菜轮作的 CH_4 排放来看，NPK＋B/B 处理的年累积 CH_4 排放量为 39.5 kg/hm²，显著低于 NPK（减少 20.8%）和 NPK＋S/S 处理（减少 65.9%）。表 5 - 2 总结了不同季节的全球增温潜能值（GWP）。油菜季的全球增温潜能值仅占全年全球增温潜能值的 17.1%～44.1%，显著低于水稻季。两年试验表明，NPK＋S/S 处理的年均全球增温潜能值远高于 NPK 处理，但 NPK＋B/B 和 NPK＋B/S 处理的结果相反。在油菜季，不同秸秆还田处理的年均全球增温潜能值显著高于 NPK 处理，而 NPK＋B/B 和 NPK＋B/S 处理的年均全球增温潜能值低于 NPK＋S/S 处理。两年来，油菜季的年均温室气体排放强度（GHGI）高于水稻季。与 NPK 处理相比，NPK＋S/S 处理的年均温室气体排放强度增加了 60.7%，而 NPK＋B/B 和 NPK＋B/S 处理的年温室气体排放强度分别下降了 28.6% 和 17.9%。不同处理之间的差异主要表现在水稻季。

表 5 - 2　2018—2020 年不同秸秆还田处理下的全球增温潜能值和温室气体排放强度

年份	处理	GWP/（kg/kg）			GHGI/（kg/kg）		
		油菜季	水稻季	周年	油菜季	水稻季	周年
2018—2019	PK	151± 53c	−107± 89d	43± 81d	0.73± 0.40a	−0.03± 0.02d	0.01± 0.02d
	NPK	568± 12b	1 553± 79b	2 122± 84b	0.32± 0.01a	0.23± 0.01b	0.25± 0.00b
	NPK＋S/S	880± 88a	2 981± 164a	3 861± 250a	0.45± 0.02a	0.41± 0.02a	0.42± 0.02a
	NPK＋B/B	935± 72a	470± 91c	1 405± 63c	0.47± 0.01a	0.06± 0.01c	0.15± 0.00c
	NPK＋B/S	930± 50a	504± 10c	1424± 41c	0.51± 0.05a	0.07± 0.00c	0.16± 0.01c

（续）

年份	处理	GWP/（kg/kg）			GHGI/（kg/kg）		
		油菜季	水稻季	周年	油菜季	水稻季	周年
2019—2020	PK	44±179c	1 052±319c	1 095±142c	0.05±0.22b	0.22±0.06b	0.20±0.03d
	NPK	707±110b	2 409±154b	3 116±263b	0.27±0.04ab	0.32±0.02b	0.31±0.03bc
	NPK＋S/S	1 430±44a	3 893±688a	5 323±723a	0.46±0.04a	0.48±0.07a	0.47±0.06a
	NPK＋B/B	951±150b	1 919±187b	2 869±97b	0.27±0.04ab	0.23±0.03b	0.25±0.01cd
	NPK＋B/S	1 217±121a	2 426±331b	3 643±213b	0.36±0.07a	0.30±0.04b	0.31±0.01b
均值	PK	97±89d	472±116d	569±41d	0.39±0.24a	0.10±0.02d	0.11±0.01e
	NPK	638±54c	1 981±37b	2 619±91b	0.30±0.02a	0.27±0.01b	0.28±0.01b
	NPK＋S/S	1 155±44b	3 437±367a	4 591±408a	0.46±0.01a	0.44±0.04a	0.45±0.03a
	NPK＋B/B	942±62b	1 195±53c	2 137±71c	0.37±0.02a	0.15±0.01c	0.20±0.00d
	NPK＋B/S	1 073±86a	1 465±165c	2 534±87bc	0.44±0.06a	0.18±0.02c	0.23±0.02c

第二节　秸秆还田对农田氨挥发的影响

一、化肥投入与秸秆还田对农田氨挥发的影响

受到土壤 NH_4^+ 浓度、pH 和微生物活性的影响，秸秆还田会导致稻田 NH_3 挥发通量的增大。张博（2020）发现，在相同的氮肥施用水平下，玉米秸秆的加入显著增加了麦田中的 NH_3 挥发。与此相反，Tian（2001）研究则表明，与麦—稻轮作中未添加秸秆的处理相比，秸秆的加入减少了小麦季的 NH_3 挥发，但增加了水稻季的 NH_3 排放。关于秸秆的施用对 NH_3 挥发的影响，目前还没有一致的结论，这可能是由秸秆和土壤的性质所决定。

我们通过监测油菜—水稻轮作长期定位试验的常规施肥（NPK）处理、不施氮（PK）处理、秸秆还田（NPK＋St）处理的 NH_3 通量，研究了氮素管理对油菜—水稻轮作体系 NH_3 挥发通量的影响（图 5-2），结果表明油菜季各处理平均 NH_3 挥发通量为 0.000 2～0.815 8 kg/（hm²·d），而水稻季为 0.001 2～5.466 0 kg/（hm²·d）。水稻季平均 NH_3 挥发通量高于油菜季。两季 NH_3 挥发通量的极值均来自追肥阶段。

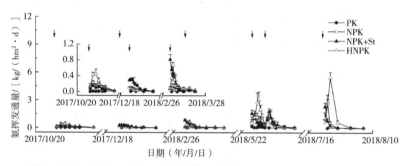

图 5-2　氮素管理对油—稻轮作体系氨挥发通量的影响（刘煜，2022）

注：箭头代表施肥。

进一步计算了不同的氮素管理措施对水稻—油菜轮作体系的 NH_3 挥发积累量和排放因子的差异，如表 5-3 所示。在不同的氮素管理下，油菜季各处理全生育期 NH_3 挥发累积量为 0.36～6.03 kg/hm²；相较于 NPK 处理，NPK＋St 处理在基肥期降低了 23.76％的 NH_3 挥发累积量，但在随后的两个时期，NH_3 挥发累积量则增加了 153.16％～178.95％。从全生育期来看，相较于 NPK 处理，NPK＋St 处理显著增加了 NH_3 损失。稻田 NH_3 损失占全年 NH_3 损失量的 73.55％～83.02％。与 NPK 处理相比，NPK＋St 处理降低了油菜季氨挥发排放因子，而在水稻季没有差异。油菜季氨挥发排放因子全生育期降低了 39.0％。排放因子的降低主要来自薹肥＋拔节肥期排放因子降低，与 NPK 处理相比，NPK＋St 处理降低了 69.6％。基肥期和薹肥＋拔节肥期表现不同。

表5-3 氮素管理对油—稻轮作体系 NH₃-N 挥发累积量的影响（刘煜，2022）

项目	氮素管理	油菜季				水稻季		
		基肥期	越冬肥期	薹肥+拔节肥期	全生育期	基肥+拔节肥期	穗肥期	全生育期
积累量/(kg/hm²)	PK	0.10±0.03c	0.10±0.01c	0.17±0.05c	0.36±0.05c	1.04±0.13b	0.11±0.04b	1.16±0.11b
	NPK	1.81±0.17a	0.79±0.23b	0.95±0.13b	3.55±0.14b	13.45±0.60a	3.91±0.34a	17.36±0.58a
	NPK+St	1.38±0.16b	2.00±0.16a	2.65±0.24a	6.03±0.29a	12.95±2.09a	3.81±1.18a	16.77±1.12a
排放因子/%	PK	1.59±0.18a	1.92±0.67b	2.17±0.44b	1.77±0.06b	8.61±0.50a	10.54±0.86a	9.00±0.38a
	NPK	1.18±0.12b	5.29±0.48a	6.91±0.56a	3.15±0.14a	8.27±1.50a	10.27±3.20a	8.67±0.68a
	NPK+St	1.85±0.21a	—	2.10±0.28b	1.92±0.23b	9.48±0.81a	10.64±1.61a	9.94±0.79a

二、秸秆还田方式对农田氨挥发的影响

研究表明，NH_3 挥发是农田土壤氮损失的主要途径，占总氮输入的 10%～60%（Keller et al.，1986；Chen et al.，2014）。生物炭改良土壤是一种广泛使用的提高土壤肥力和水稻生产的方法。然而，这种方法容易导致稻田中 NH_3 的挥发显著增加。Tian 等（2001）发现，与不施用稻草的处理相比，施用 200 kg/hm² 尿素时，在 3 个水稻季的基肥阶段，施用 1 500 kg/hm² 稻草改良剂的 NH_3 挥发量增加（5.3%～22.2%）。Wang 等（2012）发现，与秸秆不还田相比，加入 6.5 t/hm² 小麦秸秆后，NH_3 的挥发量增加了 28.5%。秸秆掺入导致的 NH_3 挥发增加可归因于秸秆中的脲酶和 pH 的增加。

通过监测油菜—水稻轮作多年定位试验不施氮肥（PK）、常规

施肥（NPK）、秸秆双季直接还田（NPK＋S/S）、秸秆双季炭化还田（NPK＋B/B）和水稻季炭化还田-油菜季直接还田（NPK＋B/S）处理的周年 NH_3 挥发通量发现，秸秆还田对不同生长季节 NH_3 挥发的影响不同。在水稻季，不同秸秆还田处理间 NH_3 挥发通量无明显差异。在油菜季，秸秆覆盖（NPK＋S/S 和 NPK＋B/S）处理降低了基肥后的 NH_3 挥发通量，但增加了追肥后的 NH_3 挥发通量。

施氮处理的年平均 NH_3 累积挥发量为 $16.48\sim18.59$ kg/hm^2（表 5-4），占氮肥总施用量的 $4.23\%\sim4.84\%$。施氮处理下，水稻季 NH_3 挥发损失显著高于油菜季，占全年 NH_3 挥发总量的 $78.4\%\sim91.4\%$。与 NPK 处理相比，NPK＋B/B 和 NPK＋B/S 处理显著降低了年平均 NH_3 累积挥发量（$P<0.05$），但 NPK＋S/S 处理与 NPK 处理之间差异不显著。不同作物生长季秸秆还田处理对土壤 NH_3 累积挥发量的影响也不同。油菜季，NPK＋B/B 处理的年平均 NH_3 累积挥发量比 NPK 处理减少了 27.7%，而 NPK＋S/S 和 NPK＋B/S 处理的年平均 NH_3 累积挥发量分别比 NPK 处理增加了 86.4% 和 70.6%。水稻季，NPK＋S/S、NPK＋B/B 和 NPK＋B/S 处理的年平均 NH_3 累积挥发量分别比 NPK 处理减少 12.7%、11.5% 和 14.5%。

表 5-4　2018—2020 年不同秸秆还田处理 NH_3 累积
挥发量及挥发率（Zhang et al.，2023）

试验年份	处理	油菜季		水稻季		油—稻轮作周年	
		NH_3累积挥发量/(kg/hm^2)	氮挥发率/%	NH_3累积挥发量/(kg/hm^2)	氮挥发率/%	NH_3累积挥发量/(kg/hm^2)	氮挥发率/%
2018—2019	PK	0.51±0.06d	—	0.09±0.01c	—	0.60±0.07c	—
	NPK	1.77±0.16b	0.84	11.76±1.43ab	6.53	13.53±1.59b	3.47

（续）

试验年份	处理	油菜季		水稻季		油—稻轮作周年	
		NH₃累积挥发量/（kg/hm²）	氮挥发率/%	NH₃累积挥发量/（kg/hm²）	氮挥发率/%	NH₃累积挥发量/（kg/hm²）	氮挥发率/%
	NPK＋S/S	3.30± 0.27a	1.57	13.66± 1.48a	7.59	16.96± 1.75a	4.35
2018—2019	NPK＋B/B	1.28± 0.13c	0.61	13.69± 1.42a	7.61	14.97± 1.55ab	3.84
	NPK＋B/S	3.02± 0.35a	1.44	10.95± 0.50b	6.08	13.97± 0.85b	3.58
	PK	0.56± 0.07c	—	0.62± 0.11c	—	1.18± 0.18d	—
	NPK	2.77± 0.38ab	1.32	21.73± 2.04a	12.07	24.50± 2.42a	6.28
2019—2020	NPK＋S/S	4.22± 0.97a	2.01	17.36± 1.22b	9.64	21.58± 2.19b	5.53
	NPK＋B/B	1.79± 0.36bc	0.85	16.71± 0.74b	9.28	18.50± 1.10c	4.74
	NPK＋B/S	2.88± 0.88ab	1.37	18.43± 0.41b	10.24	21.31± 1.29b	5.46
	PK	0.51± 0.06d	—	0.35± 0.06c	—	0.86± 0.12d	—
	NPK	1.77± 0.16b	0.84	17.18± 1.45a	9.35	18.95± 1.61a	4.86
平均值	NPK＋S/S	3.30± 0.27a	1.57	15.00± 0.78b	8.14	18.30± 1.05ab	4.69
	NPK＋B/B	1.28± 0.13c	0.61	15.20± 0.51b	8.25	16.48± 0.64c	4.23
	NPK＋B/S	3.02± 0.35a	1.44	14.69± 0.44b	7.97	17.71± 0.79bc	4.54

第三节　秸秆还田对农田杂草生长的影响

秸秆还田对杂草的生长具有复杂影响，直接或间接地改变了杂草的生存环境和养分吸收。秸秆还田作为一项基本的田间农艺措施，普遍研究表明，秸秆还田可从物理、化学和生物等方面减少草害的影响（Gao et al.，2021）。在物理机制方面具体表现为改变其物理环境，通过改变土壤温度、水分及太阳光照强度等间接影响杂草的生长。作物秸秆覆盖在土壤表层，随着秸秆覆盖量的增加，对太阳光照强度的减弱作用提高，进而影响杂草的萌发与生长。Sun等（2019）研究认为，在黑暗环境中杂草种子的萌发率显著降低；Jeon等（2011）研究表明，不同梯度光照显著影响一年生杂草的生长。秸秆覆盖还田或田间作物高留茬收获后，对杂草种子起到物理遮盖、减少光照时间及养分竞争的作用，从而抑制杂草初期萌发生长；秸秆覆盖还田后，萌发的杂草种子需要吸收更多养分才能向上生长，为了吸收生长需要的养分，杂草的根部优先发育生长，在这种条件下可以增强化学除草剂的药用效果。不同类型的作物和杂草萌发需要的土壤温度存在较大差异，秸秆还田后降低土壤温度，使杂草种子处于一个低温环境中，杂草种子的萌发率不仅显著降低（徐志军等，2018；Liu et al.，2021；王娜等，2023），还在一定程度上延长杂草萌发时间，减少杂草的生长周期从而降低杂草种子的质量，影响杂草的传播途径；但 Mehta 等（2010）认为，秸秆还田后土壤日最低温度环境更适宜于杂草种子萌发。

在化学机制方面表现为多数作物可以在生长发育阶段分泌化感物质，但更多是由作物秸秆腐解后所释放，其可以影响杂草的生长发育（Nakano et al.，2000）。杂草种子受秸秆腐解后的影响较强，可以显著降低杂草种子的萌发率，在杂草的生长发育阶段有较明显的阻碍作用。不同类型的作物秸秆对杂草生长的影响不一致，已有研究表明，水稻和小麦秸秆还田可以抑制杂草的生长（李贵等，2016）。秸秆还田后还可以提高微生物和酶等微生物群落的活性（隽英华等，2023；黄茜等，2023），促进地表杂草种子的腐烂。

在秸秆还田的条件下，不同的耕作措施为杂草种子的萌发提供了适宜的温度、水分和 CO_2 等条件，从而助力其打破休眠状态（Narendra et al.，2022）。不同秸秆还田深度对杂草生物多样性的影响存在显著差异（Sun et al.，2019；张震等，2019；Gao et al.，2021）。Kumar 等（2018）研究表明，秸秆覆盖还田结合免耕后，多数杂草种子主要分布在土壤表层。而翻压还田的处理方式，则会引导杂草种子随秸秆深入土壤底部，它们在缺失 CO_2 的条件下，会失去活性，从而无法萌发。Gohil 等（2016）认为，免耕配合秸秆还田的方式减少了土壤的扰动，这使得杂草种子难以渗透至土壤下层或该过程变得缓慢，导致约 60% 的杂草种子在土壤表面积聚。相反，秸秆翻压还田有助于将杂草种子重新分布。韩惠芳等（2010）在长期秸秆全量还田的试验中，通过常规耕作、深翻、深松、旋耕和免耕的对比，发现免耕结合秸秆全量覆盖还田，可以显著提升杂草的多样性。杨柳等（2023）研究则表明，秸秆覆盖还田可以明显增加农田中杂草群落的丰富度、均匀度和生产力；同样，Boguzas 等（2006）也认为，秸秆覆盖还田有助于增加杂草的生物量和生物多样性。而 Zhang 等（2019）研究表明，秸秆覆盖还田处理的杂草生物多样性显著低于翻压还田。覆盖还田通过减少杂草生物量从而抑制杂草的生长（李淑英等，2020）；而李秉华等（2010）也认为，秸秆覆盖还田可以显著减少农作物生长周期内的杂草数量及生物量。可见，秸秆还田结合适当的耕作措施，可以有效控制杂草对田间作物的影响，实现农业生产的可持续发展。

不同的秸秆还田方式会对田间杂草产生不同的影响，这取决于采取的农艺措施。一些研究指出，秸秆还田后可能会阻碍化学除草剂的除草效果，致使田间杂草数量增多，从而加重草害的发生程度。这可能是由于单独的施肥或者秸秆还田对杂草的生长起到了补充养分的作用（洪爱梅等，2021）。而有研究表明，秸秆结合有机肥/化肥的施用可以显著影响杂草的发生，陈浩等（2023）研究发现稻—油轮作模式中，氮肥施用量与秸秆还田对杂草类型及数量影响较大，数量和种类均不同程度减少，在秸秆还田条件下不同施肥处理的杂草密度差异显著。不同的秸秆类型还田及种植模式对杂草的影响也并不一致（Alghamdi et al.，2022）。秸秆还田在不同种植模式下对抑制杂草均起到了良好的作用，降低了杂草的危害程度。此外，有研究表明，当秸秆还田量达到 4 000 kg/hm² 时，能显著减少杂草的数量和质量，且更高的还田量对杂草的抑制效果更佳（周凤艳等，2018；付佑胜等，2019）。因此，在采取秸秆还田措施时，需要综合考虑其对田间杂草的影响，并采取相应的农艺措施来最大限度地减少草害的发生。

一、秸秆还田方式对农田杂草数量的影响

秸秆还田作为农田有机质提升与可持续耕作的核心措施，其生态效应已从土壤改良、碳汇增强等维度被广泛探讨。然而，秸秆还田方式，尤其是还田量与还田深度的协同调控机制，对农田杂草群落的抑制作用及其环境驱动路径仍缺乏系统解析。传统研究多聚焦于秸秆还田量对杂草的物理覆盖效应，却忽视了耕作深度通过改变土壤扰动强度、种子萌发层微环境及秸秆空间分布对杂草群落的深层调控作用。深耕可打破犁底层、促进秸秆与土壤的混匀，可能通过加速秸秆腐解释放化感物质（如酚酸类化合物）抑制杂草萌发，同时深层掩埋杂草种子以削弱其出苗潜力；而浅耕则因秸秆集中分布于表层，可能通过光照遮蔽与物理阻隔直接干扰杂草幼苗生长。现有研究多孤立探讨还田量或耕作深度的单一效应，对二者交互作用如何动态调控杂草生物量、物种组成及季节演替规律仍知之甚少。我们基于稻—油轮作长期定位试验，系统揭示秸秆还田量（全量、半量、不还田）与耕作深度（浅旋 15 cm、深旋 30 cm）对杂草群落的差异化影响，阐明了还田深度在秸秆资源化利用与杂草生态防控中的关键作用，更为优化"还田量-耕作深度-种植制度"适

配技术体系提供了科学依据，推动农业管理从单一控草向土壤健康-杂草抑制协同增效的范式转变。

我们基于稻—油轮作田间定位试验研究发现（图 5-3），在相同化学除草方式下不同秸秆还田量与还田深度因为增加了土壤扰动，改变了杂草种子萌发和生长环境，影响了田间杂草的种类和数量，秸秆还田量的增加对杂草的抑制效果提高。油菜季，在常规浅旋条件下，与秸秆不还田（R_{15}）处理相比，秸秆半量还田（$S_{0.4}R_{15}$）与秸秆全量还田（SR_{15}）处理杂草生物量分别降低了 32.9%、44.9%；在深旋条件下，秸秆半量还田（$S_{0.4}R_{30}$）与秸秆全量还田（SR_{30}）处理较秸秆不还田（R_{30}）处理的杂草生物量降低了31.4%、35.6%，但耕作深度对杂草发生的影响不显著。水稻季，不同秸秆还田量对杂草的影响并不显著，还田深度显著影响杂草的生物量及数量，与常规浅旋、秸秆全量还田（SR_{15}）处理相比，深旋、秸秆全量还田（SR_{30}）处理的杂草生物量及数量显著降低，降幅为 44.1% 和 36.8%。

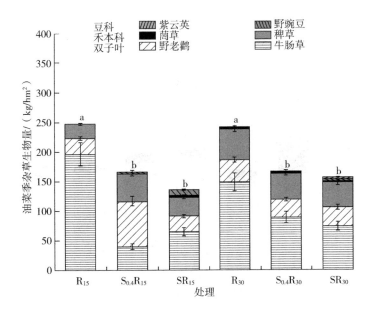

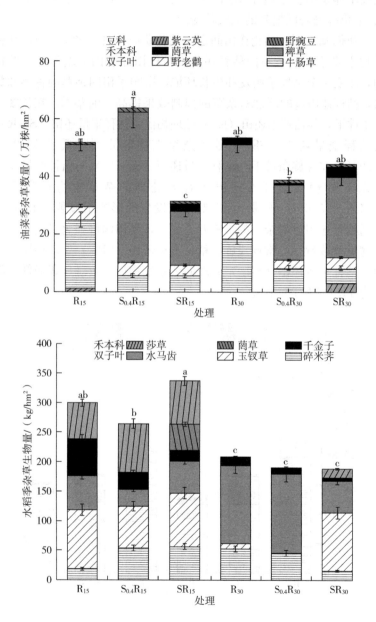

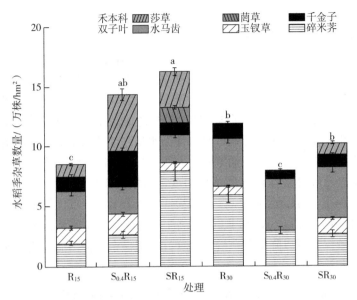

图5-3 不同秸秆还田量与还田深度对稻—油轮作杂草生长的影响（贾瑞
峰，2024）

注：R_{15}，常规浅旋、秸秆不还田；$S_{0.4}R_{15}$，常规浅旋、秸秆半量还田；SR_{15}，
常规浅旋、秸秆全量还田；R_{30}，深旋、秸秆不还田；$S_{0.4}R_{30}$，深旋、秸秆半量还
田；SR_{30}，深旋、秸秆全量还田。下同。

二、秸秆还田模式对农田杂草多样性的影响

杂草种群具有地域性特征，研究表明秸秆还田对农田杂草多样性
影响不显著。秸秆还田后，采取传统耕作、旋耕或免耕等耕作方式对
农田杂草群落物种多样性影响均不显著（赵森霖，2008；樊翠芹等，
2009）。整合分析研究表明，秸秆还田可显著抑制杂草多样性，而不同
条件下的抑制效果存在差异，其中秸秆还田量是最主要的影响因子。
线性拟合结果表明，随着秸秆还田量的增加，秸秆还田对杂草多样性
的抑制效应值是逐渐降低的（苏尧等，2024）。免耕秸秆覆盖还田模式
更有利于抑制杂草的发生，且其杂草数量比免耕不覆盖还田模式的降
低53%～82%（牛新胜等，2011；樊翠芹等，2009）。

在相同化学除草方式下，不同秸秆还田量与还田深度可增加土壤扰动，改变杂草种子萌发和生长环境，进而影响田间的杂草的种类和数量。调查发现，正常化学除草下，在油菜成熟期发现紫云英、野豌豆、菵草、稗草、野老鹳草、牛筋草 6 种田间常见杂草；在水稻成熟期发现莎草、菵草、千金子、水马齿、玉钗草、碎米荠 6 种田间常见杂草。不同秸秆还田量与还田深度下，由于受杂草数量、生物量和分布的影响，轮作体系水稻和油菜田中的杂草群落多样性也存在显著差异。油菜季，与 R_{15} 处理相比，SR_{30} 处理可显著降低杂草物种多样性与群落均匀度，增加杂草优势度（表 5 - 5）；而水稻季，SR_{30} 处理降低杂草多样性，显著增加杂草优势度，而杂草群落均匀度以 SR_{15} 和 R_{30} 处理高于其他处理，说明秸秆全量还田和土壤深旋可以降低杂草群落多样性，促使杂草群落简单化，便于后期防治。

表 5 - 5　不同秸秆还田量与还田深度对杂草多样性的影响

处理	油菜季			水稻季		
	物种多样性（H）	群落优势度（D）	群落均匀度（J）	物种多样性（H）	群落优势度（D）	群落均匀度（J）
R_{15}	1.090 4ab	0.390 2b	0.677 5ab	1.444 3b	0.305 4bc	0.807 4b
$S_{0.4}R_{15}$	1.257 9a	0.387 0b	0.702 0ab	1.553 9a	0.226 6c	0.806 1b
SR_{15}	0.980 4ab	0.493 8ab	0.609 2b	1.281 5bc	0.301 1bc	0.924 4a
R_{30}	1.095 6ab	0.389 6b	0.790 3a	1.119 3bc	0.376 3b	0.965 5a
$S_{0.4}R_{30}$	1.202 4a	0.421 5b	0.671 0ab	1.428 3b	0.276 0c	0.887 5ab
SR_{30}	0.679 6c	0.669 4a	0.490 2c	0.914 7c	0.437 2a	0.832 6b

主要参考文献

陈浩，淡亚彬，王吕，等，2023. 秸秆还田与氮肥施用量对夏季稻田的生态经济效应. 西南农业学报，36（9）：1981-1990.

樊翠芹，王贵启，李秉华，等，2009. 不同耕作方式对玉米田杂草发生规律及产量的影响. 中国农学通报，25（10）：207-211.

付佑胜，张凯，刘伟中，等，2019. 小麦秸秆高留茬情况下不同秸秆覆盖量

对直播水稻田杂草的影响．长江大学学报（自然科学版），16（6）：51-
　　55，6．

韩惠芳，宁堂原，田慎重，等，2010．土壤耕作及秸秆还田对夏玉米田杂草
　　生物多样性的影响．生态学报，30（5）：1140-1147．

洪爱梅，段云辉，张海艳，等，2021．施用猪粪堆肥和秸秆还田对稻麦轮作
　　小麦茵草生长的影响．生态学杂志，40（12）：3944-3951．

黄茜，赵梦颖，纪红梅，等，2023．不同种类秸秆还田对单季稻田 CH_4 排放
　　和功能微生物丰度的影响．土壤通报，54（5）：1107-1116．

隽英华，何志刚，刘慧屿，等，2023．秸秆还田与氮肥运筹对农田棕壤微生
　　物生物量碳氮及酶活性的调控效应．土壤，55（6）：1223-1229．

贾瑞峰，2024．不同秸秆还田方式对稻油轮作系统作物产量与杂草生物多样
　　性的影响．武汉：华中农业大学．

李秉华，王贵启，樊翠芹，等，2010．夏播大豆田秸秆覆盖对杂草发生的影
　　响与减量用药研究．杂草科学（2）：10-14．

李贵，冒宇翔，沈俊明，等，2016．小麦秸秆还田方式对水稻田杂草化学防
　　治效果及水稻产量的影响．西南农业学报，29（5）：1102-1109．

李淑英，路献勇，程福如，等，2020．油—棉连作棉田油菜秸秆覆盖对棉田
　　杂草发生及土壤杂草种子库的动态影响．中国农学通报，36（9）：138-144．

刘煜，2022．氮素管理影响长江中游典型水旱轮作体系氮利用与损失机制．武
　　汉：华中农业大学．

马玲，王丹蕾，韩昌东，等，2020．秸秆还田方式对东北农田土壤 NH_3 挥发
　　和 N_2O 排放的影响．环境科学研究，33（10）：2351-2360．

牛新胜，刘美菊，张宏彦，等，2011．不同耕作、秸秆及氮素管理措施对冬小
　　麦—夏玉米轮作田杂草生物量影响的研究．中国土壤与肥料（6）：49-53．

苏尧，叶苏梅，鲁梦醒，等，2024．整合分析秸秆还田对农田杂草多度和多
　　样性的影响．草业学报，33（3）：150-160．

万小楠，赵珂悦，吴雄伟，等，2022．秸秆还田对冬小麦—夏玉米农田土壤
　　固碳、氧化亚氮排放和全球增温潜势的影响．环境科学，43（1）：569-576．

王娜，王璐，宋昌海，等，2023．秸秆还田对不同地区土壤温度的影响研究
　　现状分析．农业科学研究，44（4）：21-25．

谢祖彬，刘琦，许燕萍，等，2011．生物炭研究进展及其研究方向．土壤，6：
　　857-861．

徐志军，徐建欣，杨洁，2018．水稻免耕直播秸秆覆盖条件下稻田杂草的发

生规律和防治策略. 作物研究, 32 (2): 121-126.

杨柳, 蔡静, 李娜, 2023. 秸秆覆盖还田对土壤、杂草及作物的影响. 水土保持应用技术 (6): 1-3.

张博, 2020. 不同施肥模式对华北平原小麦季潮土氨挥发及氮肥利用的影响. 武汉: 华中农业大学.

张顺涛, 2023. 不同施肥条件下油/麦—稻轮作对土壤固碳及组分的影响与机制. 武汉: 华中农业大学.

张岳芳, 周炜, 王子臣, 等, 2013. 氮肥施用方式对油菜生长季氧化亚氮排放的影响. 农业环境科学学报, 32 (8): 1690-1696.

张震, 曹亚蒙, 武建勇, 等, 2019. 不同耕作方式对冬小麦田杂草群落多样性的影响. 生态与农村环境学报, 35 (2): 210-216.

赵森霖, 2008. 保护性耕作农田杂草群落及生态位研究. 兰州: 甘肃农业大学.

周凤艳, 张勇, 周振荣, 等, 2018. 不同除草剂结合小麦秸秆还田对稻田杂草防除效果比较. 杂草学报, 36 (2): 31-40.

Alghamdi S A, Al-Nehmi A A, Ibrahim O H M, 2022. Potential allelopathic effect of wheat straw aqueous extract on Bermudagrass noxious weed. Sustainability, 14 (23): 15989.

Boguzas V, Kairyte A, Jodaugiene D, 2006. Weed and weed seed-bank response to tillage systems, straw and catch crops in continuous barley. Journal of Plant Diseases and Protection, 20: 297-304.

Chen X, Cui Z, Fan M, et al., 2014. Producing more grain with lower environmental costs. Nature, 514: 486-489.

Dong Q G, Yang Y, Yu K, et al., 2018. Effects of straw mulching and plastic film mulching on improving soil organic carbon and nitrogen fractions, crop yield and water use efficiency in the Loess Plateau, China. Agricultural Water Management, 201: 133-143.

Fan J, Ding W, Xiang J, et al., 2014. Carbon sequestration in an intensively cultivated sandy loam soil in the North China Plain as affected by compost and inorganic fertilizer application. Geoderma, 230: 22-28.

Gao P, Hong A, Han M, et al., 2021. Impacts of long-term composted manure and straw amendments on rice-associated weeds in a rice-wheat rotation system. Weed Science, 70: 1-40.

Gao X S, Lan T, Deng L J, et al. , 2017. Mushroom residue application affects CH$_4$ and N$_2$O emissions from fields under rice-wheat rotation. Archives of Agronomy Soil Science, 63: 748-760.

Gohil B S, Mathukia R K, Der H N, et al. , 2016. Wheat residue incorporation and weed management effect on weed seedbank and groundnut yield. Indian Journal of Weed Science, 48: 384.

Han Z, Lin H, Xu P, et al. , 2022. Impact of organic fertilizer substitution and biochar amendment on net greenhouse gas budget in a tea plantation. Agriculture Ecosystems and Environment, 326: 107779.

He Z J, Cao H X, Qi C, et al. , 2024. Straw management in paddy fields can reduce greenhouse gas emissions: a global meta-analysis. Field Crop Research, 306: 109218.

Jeon H Y, Tian L F, Zhu H, 2011. Robust crop and weed segmentation under uncontrolled outdoor illumination. Sensors (Basel), 11 (6): 6270-6283.

Keller G D, Mengel D B, 1986. Ammonia volatilization from nitrogen fertilizers surface applied to no-till corn1. Soil Science Society of America Journal, 50 (4) : 1060.

Kumar R, Singh U, 2018. Performance of zero-till wheat (*Triticum aestvium* L.) with residue and weed management techniques under rice-wheat cropping system. Agricultural Science Digest, 38 (2): 113-117.

Liu L, Zhang L, Liu J, et al. , 2021. Soil water and temperature characteristics under different straw mulching and tillage measures in the black soil region of China. Journal of Soil and Water Conservation, 76 (3): 256-262.

Lu F, Wang X, Han B, et al. , 2010. Net mitigation potential of straw return to Chinese cropland: estimation with a full greenhouse gas budget model. Ecological Applications, 20: 634-647.

Mehta R, Yadav D B, Yadav A, et al. , 2010. Weed control efficiency of bispyribac-sodium in transplanted and direct seeded rice and its residues in soil, rice grains and straw. Environment and Ecology (1): 28.

Nakano H, Hirai M, 2000. Effects of aqueous extracts from rice straw on the growth of Chinese milk vetch (*Astragalus sinicus* L) . Japanese Journal of Crop Science, 69: 470-475.

Narendra K, Chaitanya P N, Kali K H, et al., 2022. Long-term impact of zero-till residue management in post-rainy seasons after puddled rice and cropping intensification on weed seedbank, above-ground weed flora and crop productivity. Ecological Engineering, 176: 10-18.

Shi W, Fang Y R, Chang Y, et al., 2023. Toward sustainable utilization of crop straw: Greenhouse gas emissions and their reduction potential from 1950 to 2021 in China. Resources Conservation and Recycling, 190: 106824.

Su Y, Yu M, Xi H, et al., 2020. Soil microbial community shifts with long-term of different straw return in wheat-corn rotation system. Scientific Reports, 10: 6360.

Sun L Y, Wu Z, Ma Y C, et al., 2018. Ammonia volatilization and atmospheric N deposition following straw and urea application from a rice-wheat rotation in southeastern China. Atmospheric Environment, 181: 97-105.

Sun X, Guo J, Guo S, et al., 2019. Divergent responses of leaf N : P : K stoichiometry to nitrogen fertilization in rice and weeds. Weed Science, 67: 1-7.

Tian G M, Cai Z C, Cao J L, et al., 2001. Factors affecting ammonia volatilisation from a rice-wheat rotation system. Chemosphere, 42 (2): 123-129.

Wang J, Wang D, Zhang G, et al., 2012. Effect of wheat straw application on ammonia volatilization from urea applied to a paddy field. Nutrient Cycling Agroecosystems, 94: 73-84.

Wang Y, Wu P, Mei F, et al., 2021. Does continuous straw returning keep China farmland soil organic carbon continued increase? A meta-analysis. Journal of Environment Management, 288: 112391.

Xia L, Lam S K, Wolf B, et al., 2018. Trade-offs between soil carbon sequestration and reactive nitrogen losses under straw return in global agroecosystems. Global Change Biology, 24 (12): 5919-5932.

Yang J, Liu G J, Tian H Y, et al., 2023. Trade-offs between wheat soil N_2O emissions and C sequestration under straw return, elevated CO_2 concentration, and elevated temperature. Science of The Total Environment, 892: 164508.

Yang L, Muhammad I, Chi Y X, et al., 2022. Straw return and nitrogen fertilization regulate soil greenhouse gas emissions and global warming potential in dual maize cropping system. Science Total Environment, 853: 158370.

Zhang H, Sun Y, Li Y, et al., 2019. Composted manure and straw amendments in wheat of a rice-wheat rotation system alter weed richness and abundance. Weed Science, 67: 318-326.

Zhang S T, Ren T, Yang X K, et al., 2023. Biochar return in the rice season and straw mulching in the oilseed rape season achieve high nitrogen fertilizer use efficiency and low greenhouse gas emissions in paddy-upland rotations. European Journal of Agronomy, 148: 126869.

第六章　长江中下游典型种植系统秸秆还田技术

长江中下游是我国重要的粮棉油生产基地，粮食作物以水稻、小麦为主，兼有玉米；经济作物以油菜、棉花、花生为主，兼有柑橘、茶叶。根据不同区域特点，通过多种作物单作、轮作种植制度，因地制宜，实现农民收益的不断提高。然而，秸秆如何高效还田是影响多种种植制度推广的重要因素。近年来，随着国家对农机补贴的不断增多，水稻、小麦、油菜、玉米、花生等作物，由传统的人工种植、收割，逐步向全程机械化方式转变，有利于秸秆还田技术的推广。本章介绍了长江中下游典型种植系统秸秆还田技术规程，具体规程如下。

第一节　水稻—油菜轮作秸秆还田技术

一、整地

1. 秸秆粉碎

秸秆粉碎长度≤10 cm，留茬高度≤15 cm，秸秆抛撒不均匀率、粉碎长度合格率及其他质量要求应符合 NY/T 500 的规定。

2. 水稻季还田

水稻季作业流程：油菜收割、秸秆粉碎匀抛、翻耕、放水泡田（田间水面 1～2 cm）、施基肥、旋耕、起浆平田、沉实、种植水稻。

油菜秸秆粉碎还田后，进行翻耕、旋耕埋茬，翻耕深度 15～20 cm，旋耕深度 12～15 cm。浅水泡田 5～7 d，水面深度 1～

2 cm。然后免搅浆平整田面。沉实 1～2 d 后进行水稻种植。机械整地质量按 NY/T 501 的规定执行。

3. 油菜季还田

油菜季作业流程：水稻收割、秸秆粉碎匀抛、施基肥、旋耕开沟、种植油菜。

水稻秸秆粉碎还田后，利用旋耕机翻耕整地，翻耕深度 15～20 cm，旋耕深度 12～15 cm。如秸秆还田量每亩超过 400 kg，则适当增加翻耕、旋耕深度。每隔 2～3 年结合犁耕，深翻 1 次，翻耕深度 20～25 cm。种植油菜时按 2.0～2.5 m 开沟分厢，围沟宽、深各 20～30 cm；腰沟宽、深各 30 cm；开好厢沟、腰沟和围沟，然后平整厢面。或机械开沟整地，畦宽为 120～150 cm，沟宽 30 cm，沟深 15 cm；腰沟、围沟深 20 cm。机械整地质量按 NY/T 499 的规定执行。

二、农艺管理

1. 水稻

(1) 品种选择。选择高产稳产、高抗病、适合于本地区的水稻品种。种子质量应符合 GB 4404.1 的规定。

(2) 种植方式。直播（机械直播或人工撒播）、移栽（机插秧或人工插秧）、抛秧，可根据劳动力情况和机械条件进行选择。机械直播种植方法按 NY/T 4248 的规定执行。

(3) 播种量。直播稻播种量为每亩杂交稻 1.0～1.5 kg、常规稻 2.5～3.0 kg。移栽水稻每穴栽插 2～3 株，每亩栽插或抛秧 1.5 万～1.8 万蔸。

(4) 施肥。根据油菜秸秆还田归还的养分量，并结合当地农技部门根据测土配方施肥成果得出的化肥施用量进行推荐。

一般中等肥力田块，在每亩产量水平为 600～650 kg 条件下，建议每亩施用氮肥（N）11～13 kg、磷肥（P_2O_5）4～5 kg、钾肥（K_2O）3 kg 左右。其中，移栽水稻氮肥 70% 作基肥、30% 作分蘖肥，磷、钾肥全部作基肥；直播稻氮肥 30% 作基肥、40% 作分蘖肥、30％作穗肥，钾肥50％作基肥、50％作分蘖肥，磷肥作基肥一次性施入。推荐每亩基施水稻专用肥（24-10-8或相近配方）40～45 kg，分蘖期每亩追施尿素5 kg。有条件地区，可每亩施用商品有机肥100～150 kg或农家堆沤肥1～2 m³，化肥用量可相应减少10％～15％。

（5）水分管理。采取少量多次灌溉的原则，尽量减少田间水分排放量，减少养分流失量。

（6）水稻病虫害和杂草防治。根据生长情况，利用化学药剂或人工控制病虫害和杂草。药剂应符合GB/T 8321及国家相关规定要求。

（7）收获。在水稻完全成熟时收割。采用安装秸秆粉碎装置的水稻联合收割机进行收割，粉碎的秸秆应均匀抛撒在田面。收获方法按照NY/T 4248的规定执行。

2. **油菜**

（1）品种选择。建议选择具有高产稳产、优质、高抗病和适宜机械化等特点的油菜品种。种子质量应符合GB 4407.2的规定。

（2）种植方式。直播（机条播、飞播、人工撒播）或移栽，可根据劳动力情况和机械条件进行选择。直播油菜在9月下旬至10月中旬播种；移栽油菜在10月中下旬至11月中旬移栽。飞播种植方法按DB42/T 1697的规定执行。

（3）播种量。直播油菜每亩用种量300～400 g，飞播或人工撒播油菜可适当增加播种量，保证每亩有效苗在30 000～40 000株。每亩移栽油菜8 000～12 000株。

（4）施肥。根据稻草还田归还的养分量，并结合当地农技部门根据测土配方施肥成果得出的化肥施用量进行推荐。

一般中等肥力田块，在每亩产量水平为150～200 kg条件下，建议每亩施用氮肥（N）11～13 kg、磷肥（P_2O_5）3～4 kg、钾肥（K_2O）3～4 kg、硼砂1 kg。其中，氮肥75％作基肥、25％作越冬肥；磷、钾、硼肥全部作基肥。推荐每亩一次基施油菜专用肥（25-7-8）50～55 kg。有条件地区，每亩可施用商品有机肥100～

150 kg 或农家堆沤肥 1～2 m³，化肥用量可相应减少 10%～15%。

(5) 油菜病虫害和杂草防治。 根据生长情况，主要对油菜菌核病、根肿病、杂草和蚜虫进行防治。药剂应符合 GB/T 8321 及国家相关规定要求。

(6) 收获。 可采用联合收获或分段收获。联合收获时，油菜秸秆同步粉碎还田。分段收获时，先采用割晒机进行作业，将割倒的油菜晾晒 3～5 d，再用捡拾脱粒机脱粒并将秸秆粉碎均匀抛撒还田。收获方法按 NY/T 3638 的规定执行。

第二节　水稻—小麦轮作秸秆还田技术

一、整地

1. 秸秆粉碎

秸秆粉碎长度≤10 cm，留茬高度≤15 cm，秸秆抛撒不均匀率、粉碎长度合格率及其他质量要求应符合 NY/T 500 的规定。

2. 水稻季还田

水稻季作业流程：小麦收割、秸秆粉碎匀抛、翻耕、放水泡田（田间水面 1～2 cm）、施基肥、旋耕、起浆平田、沉实、种植水稻。

小麦秸秆粉碎还田后，进行翻耕、旋耕埋茬，翻耕深度 15～20 cm，旋耕深度 12～15 cm。浅水泡田 5～7 d，水面深度 1～2 cm。然后免搅浆平整田面，沉实 1～2 d 后进行水稻种植。机械整地质量按 NY/T 501 的规定执行。

3. 小麦季还田

小麦季作业流程：水稻收割、秸秆粉碎匀抛、施基肥、旋耕整地、种植小麦、开沟、镇压。

水稻秸秆粉碎还田后，先深旋（或深耕）灭茬后进行机械播种，旋耕埋草深度在 12 cm 以上，旋耕整地深度在 8 cm 以上。如秸秆还田量每亩超过 400 kg，则适当增加翻耕、旋耕深度。每隔

2～3 年结合犁耕，深翻 1 次，翻耕深度 20 cm 以上。小麦播后及时开沟、镇压，麦厢宽 2.5～3 m，厢沟深 25 cm、宽 30 cm；腰沟深 30 cm，宽 35 cm；围沟深 35 cm，宽 40 cm。机械整地质量按 NY/T 499 的规定执行。

二、农艺管理

1. 水稻

（1）品种选择。 选择高产稳产、高抗病、适合于本地区的水稻品种。种子质量应符合 GB 4404.1 的规定。

（2）种植方式。 直播（机械直播或人工撒播）、移栽（机插秧或人工插秧）、抛秧，可根据劳动力情况和机械条件进行选择。机械直播种植方法按 NY/T 4248 的规定执行。

（3）播种量。 直播稻播种量为每亩杂交稻 1.0～1.5 kg、常规稻 2.5～3.0 kg。移栽水稻每穴栽插 2～3 株，每亩栽插或抛秧 1.5 万～1.8 万蔸。

（4）施肥。 根据小麦秸秆还田归还的养分量，并结合当地农技部门根据测土配方施肥成果得出的化肥施用量进行推荐。

一般中等肥力田块，在每亩产量水平为 600～650 kg 条件下，建议每亩施用氮肥（N）11～13 kg、磷肥（P_2O_5）4～5 kg、钾肥（K_2O）3 kg 左右。其中，移栽水稻氮肥 70% 作基肥、30% 作分蘖肥，磷、钾肥全部作基肥；直播稻氮肥 30% 作基肥、40% 作分蘖肥、30% 作穗肥，钾肥 50% 作基肥、50% 作分蘖肥，磷肥作基肥一次性施入。推荐每亩基施水稻专用肥（24-10-8 或相近配方）40～45 kg，分蘖期每亩追施尿素 5 kg。有条件地区，可每亩施用商品有机肥 100～150 kg 或农家堆沤肥 1～2 m^3，化肥用量可相应减少 10%～15%。

（5）水分管理。 采取少量多次灌溉的原则，尽量减少田间水分排放量，减少养分流失量。

（6）水稻病虫害和杂草防治。 根据生长情况，利用化学药剂或人工控制病虫害和杂草。药剂应符合 GB/T 8321 及国家相关规定要求。

（7）收获。在水稻完全成熟时收割。采用安装秸秆粉碎装置的水稻联合收割机进行收割，粉碎的秸秆应均匀抛撒在田面。收获方法按照 NY/T 4248 的规定执行。

2. 小麦

（1）品种选择。建议选择适应本区域的高产、抗病性好、品质好的小麦品种。种子质量应符合 GB 4404.1 的规定。

（2）种植方式。直播（机条播、人工撒播），可根据劳动力情况和机械条件进行选择。种植时间一般在 10 月下旬至 11 月上旬。选择包衣种子或进行药剂拌种。机械播种方法按 DB42/T 1626 的规定执行。

（3）播种量。每亩小麦播种量 12.5～15 kg，每亩基本苗控制在 120 000～160 000 株。对超出最适播期（11 月 5 日）的晚播小麦，每推迟 1 d 播种，每亩增加 0.5 kg 播量，总增加量不宜超过 5 kg。

（4）施肥。根据水稻秸秆还田归还的养分量，并结合当地农技部门根据测土配方施肥成果得出的化肥施用量进行推荐。

一般中等肥力田块，在每亩产量水平为 300～400 kg 条件下，建议每亩施用氮肥（N）10～12 kg、磷肥（P_2O_5）4～6 kg、钾肥（K_2O）4～6 kg。氮肥分次施用，基肥占 60%～70%，拔节肥占 25%～30%，视苗情可在冬前（3 叶期）追施 10%～15% 的氮肥；磷肥、钾肥全部基施。在常年秸秆还田的地块，钾肥用量可减少 20%～30%。推荐每亩基施小麦配方肥（23-10-12 或相近配方）35～40 kg，起身期到拔节期结合灌水每亩追施尿素 8～10 kg。有条件地区，可每亩施用商品有机肥 100～150 kg 或农家堆沤肥 1～2 m^3，化肥用量可相应减少 10%～15%。

（5）小麦病虫害和杂草防治。根据生长情况，利用化学药剂或人工对小麦赤霉病、纹枯病、蚜虫、杂草等病虫草害进行防治。药剂应符合 GB/T 8321 及国家相关规定要求。

（6）收获。在小麦完全成熟时收割。采用安装秸秆粉碎抛撒装置的小麦联合收割机进行收割，粉碎的秸秆应均匀抛撒在田面。小麦收获作业质量参照 NY/T 995 的规定。

第三节　双季稻连作秸秆还田技术

一、整地

1. 秸秆粉碎

秸秆粉碎长度≤10 cm，留茬高度≤15 cm，秸秆抛撒不均匀率、粉碎长度合格率及其他质量要求应符合 NY/T 500 的规定。

2. 早稻季还田

早稻季作业流程：晚稻收割、秸秆粉碎匀抛、翻耕、放水泡田（田间水深 1～2 cm）、施基肥、旋耕、起浆平田、沉实、种植早稻。

晚稻秸秆粉碎还田后，露天自然腐解，在早稻移栽前半个月翻耕，适当增加氮肥基施比例，旋耕机将水稻秸秆翻入土层 10 cm 以下，扣垡严密，表面秸秆残留率应小于 10%，待平整沉实 1～3 d 后插秧。机械整地质量按 NY/T 499、NY/T 501 的规定执行。

3. 晚稻季还田

晚稻季作业流程：早稻收割、秸秆粉碎匀抛、放水泡田（田间水深 2～3 cm）、施基肥、旋耕、起浆平田、沉实、种植晚稻。

早稻秸秆粉碎还田后，放水泡田 1～3 d，田间水深 2～3 cm，泡田后施肥，适当增加氮肥施用比例。秸秆泡软后利用旋耕机将水稻秸秆翻入土层 10 cm 以下，扣垡严密，表面秸秆残留率应小于 10%，待平整沉实 1～3 d 后插秧。机械整地质量按 NY/T 499、NY/T 501 的规定执行。

二、农艺管理

1. 早稻

(1) 品种选择。早稻应尽量选择早熟、分蘖力强、抗倒伏的高产稳产品种，生育期以 105～115 d 为宜。种子质量应符合 GB 4404.1

的规定。

(2) 种植方式。 直播（机械直播或人工撒播）、移栽（机插秧或人工插秧）、抛秧，可根据劳动力情况和机械条件进行选择。机械直播种植方法按 NY/T 4248 的规定执行。

(3) 播种量。 直播稻播种量为每亩杂交稻 2～3 kg、常规稻 8～10 kg。移栽水稻每穴栽插 3～5 株，每亩栽插或抛秧 1.7 万～2.2 万蔸。

(4) 施肥。 根据水稻秸秆还田归还的养分量，并结合当地农技部门根据测土配方施肥成果得出的化肥施用量进行推荐。

一般中等肥力田块，在每亩产量水平为 350～450 kg 条件下，建议每亩施用氮肥（N）7～9 kg、磷肥（P_2O_5）4～7 kg、钾肥（K_2O）4～8 kg。其中，移栽水稻氮肥 70%作基肥、30%作分蘖肥，磷、钾肥全部作基肥；直播稻氮肥 30%作基肥、40%作分蘖肥、30%作穗肥，钾肥 50%作基肥、50%作分蘖肥，磷肥作基肥一次性施入。推荐每亩基施水稻专用肥（22-12-11 或相近配方）30～40 kg，分蘖期每亩追施尿素 5～7 kg。有条件地区，可每亩施用商品有机肥 100～150 kg 或农家堆沤肥 1～2 m^3，化肥用量可相应减少 10%～15%。

(5) 水分管理。 采取少量多次灌溉的原则，尽量减少田间水分排放量，减少养分流失量。

(6) 水稻病虫害和杂草防治。 根据生长情况，利用化学药剂或人工控制病虫害和杂草。药剂应符合 GB/T 8321 及国家相关规定要求。

(7) 收获。 在水稻完全成熟时收割。采用安装秸秆粉碎装置的水稻联合收割机进行收割，粉碎的秸秆应均匀抛撒在田面。收获方法按照 NY/T 4248 的规定执行。

2. **晚稻**

(1) 品种选择。 建议选择高产稳产、成熟期适当、抗寒性和抗热性较强的晚稻品种。种子质量应符合 GB 4404.1 的规定。

(2) 种植方式。 移栽（机插秧或人工插秧）、抛秧，可根据劳动力情况和机械条件进行选择。

(3) 播种量。常规稻每穴栽插 3～5 株，每亩种植密度 1.9 万～2.2 万蔸；杂交稻每穴栽插 2～3 株，每亩种植密度 1.8 万～1.9 万蔸。

(4) 施肥。根据水稻秸秆还田归还的养分量，并结合当地农技部门根据测土配方施肥成果得出的化肥施用量进行推荐。

一般中等肥力田块，在每亩产量水平为 400～500 kg 条件下，建议每亩施用氮肥（N）10～12 kg、磷肥（P_2O_5）3～5 kg、钾肥（K_2O）6～8 kg。水稻氮肥 70%作基肥、30%作分蘖肥，钾肥 50%作基肥、50%作分蘖肥，磷肥作基肥一次性施入。推荐每亩基施水稻专用肥（22-11-12 或相近配方）35～45 kg，分蘖期每亩追施尿素 5～8 kg。有条件地区，可每亩施用商品有机肥 100～150 kg 或农家堆沤肥 1～2 m^3，化肥用量可相应减少 10%～15%。

(5) 水分管理。采取少量多次灌溉的原则，尽量减少田间水分排放量，减少养分流失量。

(6) 水稻病虫害和杂草防治。根据生长情况，利用化学药剂或人工控制病虫害和杂草。药剂应符合 GB/T 8321 及国家相关规定要求。

(7) 收获。在水稻完全成熟时收割。采用安装秸秆粉碎装置的水稻联合收割机进行收割，粉碎的秸秆应均匀抛撒在田面。收获方法按照 NY/T 4248 的规定执行。

第四节　双季稻—油菜轮作秸秆还田技术

一、整地

1. 秸秆粉碎

秸秆粉碎长度≤10 cm，留茬高度≤15 cm，秸秆抛撒不均匀率、粉碎长度合格率及其他质量要求应符合 NY/T 500 的规定。

2. 早稻季还田

早稻季作业流程：油菜收割、秸秆粉碎匀抛、旋耕、浅水泡田

（田间水深 2～3 cm）、施基肥、起浆平田、沉实、种植水稻。

油菜秸秆粉碎还田后，进行旋耕埋茬，旋耕深度 12～15 cm。旋耕后浅水泡田 1～2 d，田间水深 2～3 cm。泡田后施肥，适当增加氮肥施用比例，利用水田耙或平地打浆机平整田面，沉实 1～3 d 后进行水稻种植。机械整地质量按 NY/T 501 的规定执行。

3. 晚稻季还田

晚稻季作业流程：早稻收割、秸秆粉碎匀抛、放水泡田（田间水深 2～3 cm）、施基肥、旋耕、起浆平田、沉实、种植晚稻。

早稻秸秆粉碎还田后，放水泡田 1～3 d，田间水深 2～3 cm，泡田后施肥，适当增加氮肥施用比例。秸秆泡软后利用旋耕机将水稻秸秆翻入土层 10 cm 以下，扣垡严密，表面秸秆残留率应小于 10%，待平整沉实 1～3 d 后插秧。机械整地质量按 NY/T 501 的规定执行。

4. 油菜季还田

油菜季作业流程：油菜飞播、水稻收割、秸秆粉碎匀抛、施基肥、开沟。

水稻收获前 1～3 d，油菜飞播，水稻高留茬 40～50 cm 收获，秸秆粉碎匀抛覆盖还田。油菜飞播后 7 d 内，采用人工或机械均匀撒施基肥。施肥后 5 d 内选用圆盘开沟机开沟，沟土均匀抛撒厢面。机械整地质量按 NY/T 499 的规定执行，圆盘开沟机按 JB/T 11908 的规定执行。

二、农艺管理

1. 早稻

（1）品种选择。 早稻应尽量选择早熟、分蘖力强、抗倒伏的高产稳产品种，生育期以 105～115 d 为宜。种子质量应符合 GB 4404.1 的规定。

（2）种植方式。 移栽（机插秧或人工插秧）、抛秧，可根据劳动力情况和机械条件进行选择。

(3) 播种量。移栽水稻每穴栽插 3～5 株，每亩栽插或抛秧 1.7 万～2.2 万蔸。

(4) 施肥。根据油菜秸秆还田归还的养分量，并结合当地农技部门根据测土配方施肥成果得出的化肥施用量进行推荐。

一般中等肥力田块，在每亩产量水平为 350～450 kg 条件下，建议每亩施用氮肥（N）7～9 kg、磷肥（P_2O_5）4～7 kg、钾肥（K_2O）4～8 kg。移栽水稻氮肥 70% 作基肥、30% 作分蘖肥，磷、钾肥全部作基肥。推荐每亩基施水稻专用肥（22-12-11 或相近配方）30～40 kg，分蘖期每亩追施尿素 5～7 kg。有条件地区，可每亩施用商品有机肥 100～150 kg 或农家堆沤肥 1～2 m^3，化肥用量可相应减少 10%～15%。

(5) 水分管理。采取少量多次灌溉的原则，尽量减少田间水分排放量，减少养分流失量。

(6) 水稻病虫害和杂草防治。根据生长情况，利用化学药剂或人工控制病虫害和杂草。药剂应符合 GB/T 8321 及国家相关规定要求。

(7) 收获。在水稻完全成熟时收割。采用安装秸秆粉碎装置的水稻联合收割机进行收割，粉碎的秸秆应均匀抛撒在田面。收获方法按照 NY/T 4248 的规定执行。

2. **晚稻**

(1) 品种选择。建议选择高产稳产、成熟期适当、抗寒性和抗热性较强的晚稻品种。种子质量应符合 GB 4404.1 的规定。

(2) 种植方式。移栽（机插秧或人工插秧）、抛秧，可根据劳动力情况和机械条件进行选择。

(3) 播种量。常规稻每穴栽插 3～5 株，每亩种植密度 1.9 万～2.2 万蔸；杂交稻每穴栽插 2～3 株，每亩种植密度 1.8 万～1.9 万蔸。

(4) 施肥。根据水稻秸秆还田归还的养分量，并结合当地农技部门根据测土配方施肥成果得出的化肥施用量进行推荐。

一般中等肥力田块，在每亩产量水平为 400～500 kg 条件下，建议每亩施用氮肥（N）10～12 kg、磷肥（P_2O_5）3～5 kg、钾肥（K_2O）6～8 kg。水稻氮肥70%作基肥、30%作分蘖肥，磷肥作基肥一次性施入，钾肥50%作基肥、50%作分蘖肥。推荐每亩基施水稻专用肥（22-11-12 或相近配方）35～45 kg，分蘖期每亩追施尿素5～8 kg。有条件地区，可每亩施用商品有机肥100～150 kg 或农家堆沤肥1～2 m^3，化肥用量可相应减少10%～15%。

（5）水分管理。 采取少量多次灌溉的原则，尽量减少田间水分排放量，减少养分流失量。水稻生长后期适当留墒（水分含量25%～45%），水稻收获时水分含量宜在30%左右。

（6）水稻病虫害和杂草防治。 根据生长情况，利用化学药剂或人工控制病虫害和杂草。药剂应符合 GB/T 8321 及国家相关规定要求。

（7）收获。 在水稻完全成熟时收割。采用安装秸秆粉碎装置的水稻联合收割机进行收割，粉碎的秸秆应均匀抛撒在田面。收获方法按照 NY/T 4248 的规定执行。

3. 油菜

（1）品种选择。 建议选择具有高产稳产、优质、高抗病和适宜机械化等特点的油菜品种。种子质量应符合 GB 4407.2 的规定。

（2）种植方式。 飞播种植方法按 DB42/T 1697 的规定执行。

（3）播种量。 飞播播种量，10 月中旬及以前每亩播种量为300～350 g，10 月下旬每亩播种量为350～400 g，11 月上旬每亩播种量为400～450 g。

（4）施肥。 根据水稻秸秆还田归还的养分量，并结合当地农技部门根据测土配方施肥成果得出的化肥施用量进行推荐。

一般中等肥力田块，在每亩产量水平为150～200 kg 条件下，建议每亩施用氮肥（N）11～13 kg、磷肥（P_2O_5）3～4 kg、钾肥（K_2O）3～4 kg、硼砂1 kg。其中，氮肥75%作基肥、25%作越冬肥；磷、钾、硼肥全部作基肥。推荐每亩一次基施油菜专用肥（25-7-8）50～55 kg。有条件地区，每亩可施用商品有机肥100～150 kg 或农家堆沤肥1～2 m³，化肥用量可相应减少10%～15%。

(5) 油菜病虫害和杂草防治。 根据生长情况，主要对油菜菌核病、根肿病、杂草和蚜虫进行防治。药剂应符合 GB/T 8321 及国家相关规定要求。

(6) 收获。 可采用联合收获或分段收获。联合收获时，油菜秸秆同步粉碎还田。分段收获时，先采用割晒机进行作业，将割倒的油菜晾晒3～5 d 后，再用捡拾脱粒机脱粒并将秸秆粉碎均匀还田。收获方法按 NY/T 3638 的规定执行。

第五节　玉米—油菜轮作秸秆还田技术

一、整地

1. 秸秆粉碎

秸秆粉碎长度≤10 cm，留茬高度≤15 cm，秸秆抛撒不均匀率、粉碎长度合格率及其他质量要求应符合 NY/T 500 的规定。

2. 玉米季还田

玉米季作业流程：油菜收割、秸秆粉碎匀抛、旋耕、施基肥、种植玉米。

油菜秸秆还田后，进行旋耕埋茬，旋耕深度 12～15 cm。旋耕前撒施基肥。每隔2～3 年采用铧式犁、圆盘犁或双向翻转犁进行油菜秸秆深翻还田，翻埋深度≥20 cm。机械整地质量按 NY/T 499 的规定执行。

3. 油菜季还田

油菜季作业流程：玉米收割、秸秆粉碎匀抛、施基肥、旋耕开沟、种植油菜。

玉米秸秆还田后，进行旋耕埋茬，旋耕深度 12～15 cm。旋耕前撒施基肥。种植油菜时按 2.0～2.5 m 开沟分厢，围沟宽、深各20～30 cm；腰沟宽、深各 30 cm；开好厢沟、腰沟和围沟，然后平整厢面。或机械开沟整地，畦宽为 120～150 cm，沟宽 30 cm，沟深 15 cm；腰沟、围沟深 20 cm。机械整地质量按 NY/T 499 的规定执行。

二、农艺管理

1. 玉米

（1）品种选择。建议选择高产稳产、高抗病、耐高温、抗倒性好、适合于本地区的玉米品种。种子质量应符合 GB 4404.1 的规定。

（2）种植方式。人工点播或机械播种。不同地区玉米播期在 5 月下旬至 6 月上中旬。建议使用包衣种子，种子包衣标准按 GB/T 15671 的规定执行。

（3）播种量。玉米每亩种植株数 4 000～4 500 株。

（4）施肥。根据油菜秸秆还田归还的养分量，并结合当地农技部门根据测土配方施肥成果得出的化肥施用量进行推荐。

一般中等肥力田块，在每亩产量水平为 450～550 kg 条件下，每亩施氮肥（N）13～16 kg、磷肥（P_2O_5）6～8 kg、钾肥（K_2O）8～10 kg。其中，1/3 氮肥和全部磷、钾肥在播种时进行侧深施，2/3 氮肥于大喇叭口期前后机械开沟侧深施。推荐每亩一次基施配方肥（22-9-14）40～50 kg，大喇叭口期和孕穗期分别追施尿素 6～8 kg 和 5～7 kg。有条件地区，可每亩施用商品有机肥 100～150 kg 或农家堆沤肥 1～2 m³，化肥用量可相应减少 10%～15%。

（5）水分管理。播后根据实际情况及时灌排，适宜墒情为土壤最大持水量的 60%～70%，在满足作物生长需求的同时，促进秸秆腐解。

（6）玉米病虫害和杂草防治。根据生长情况，利用化学药剂或人工控制病虫害和杂草。玉米病虫草害防控按 DB42/T 1818 的规定执行，药剂应符合 GB/T 8321 及国家相关规定要求。

（7）收获。玉米果穗苞叶变枯、籽粒黑层出现，选用玉米联合收获机械或人工摘穗收获。选用配备秸秆切碎抛撒装置的玉米收获机，或单独使用秸秆粉碎机将秸秆粉碎并均匀抛撒于地表。

2. 油菜

(1) 品种选择。建议选择具有高产稳产、优质、高抗病和适宜机械化等特点的油菜品种。种子质量应符合 GB 4407.2 的规定。

(2) 种植方式。直播（机条播、人工撒播）或移栽，可根据劳动力情况和机械条件进行选择。直播油菜在 9 月下旬至 10 月中旬播种；移栽油菜在 10 月中下旬至 11 月中旬移栽。

(3) 播种量。直播油菜每亩用种量 300～400 g，人工撒播油菜可适当增加播种量，保证每亩有效苗在 30 000～40 000 株。移栽油菜每亩种植株数 8 000～12 000 株。

(4) 施肥。根据稻草还田归还的养分量，并结合当地农技部门根据测土配方施肥成果得出的化肥施用量进行推荐。

一般中等肥力田块，在每亩产量水平为 150～200 kg 条件下，建议每亩施用氮肥（N）11～13 kg、磷肥（P_2O_5）3～4 kg、钾肥（K_2O）3～4 kg、硼砂 1 kg。其中，氮肥 75% 作基肥、25% 作越冬肥，磷、钾、硼肥全部作基肥。推荐每亩一次基施油菜专用肥（25-7-8）50～55 kg。有条件地区，每亩可施用商品有机肥 100～150 kg 或农家堆沤肥 1～2 m^3，化肥用量可相应减少10%～15%。

(5) 油菜病虫害和杂草防治。根据生长情况，主要对油菜菌核病、根肿病、杂草和蚜虫进行防治。药剂应符合 GB/T 8321 及国家相关规定要求。

(6) 收获。可采用联合收获或分段收获。联合收获时，油菜秸秆同步粉碎还田。分段收获时，先采用割晒机进行作业，将割倒的油菜晾晒 3～5 d 后，再用捡拾脱粒机脱粒并将秸秆粉碎均匀还田。收获方法按 NY/T 3638 的规定执行。

第六节　玉米—小麦轮作秸秆还田技术

一、整地

1. 秸秆粉碎

秸秆粉碎长度≤10 cm，留茬高度≤15 cm，秸秆抛撒不均匀率、粉碎长度合格率及其他质量要求应符合 NY/T 500 的规定。

2. 玉米季还田

玉米季作业流程：小麦收割、秸秆粉碎匀抛、翻耕、旋耕、施基肥、种植玉米。

小麦秸秆粉碎还田后，进行翻耕、反旋埋茬，翻耕深度 15～20 cm，旋耕深度 12～15 cm。种植玉米，推荐种肥同播。机械整地质量按 NY/T 499 的规定执行。

3. 小麦季还田

小麦季作业流程：玉米收割、秸秆粉碎匀抛、施基肥、旋耕整地、种植小麦、开沟、镇压。

玉米秸秆粉碎还田后，先深旋（或深耕）灭茬后进行机械播种，旋耕埋草深度在 12 cm 以上，旋耕整地深度在 8 cm 以上。可根据墒情，每隔 2～3 年结合犁耕，深翻 1 次，翻耕深度 20 cm 以上。小麦播后及时开沟、镇压，麦厢宽 3.5～4.0 m，厢沟深 25 cm、宽 30 cm；腰沟深 30 cm，宽 35 cm；围沟深 35 cm，宽 40 cm，机械开沟和人工开沟相结合。机械整地质量按 NY/T 499 的规定执行。

二、农艺管理

1. 玉米

(1) 品种选择。建议选择高产稳产、高抗病、耐高温、抗倒性好、适合于本地区的玉米品种。种子质量应符合 GB 4404.1 的规定。

(2) 种植方式。人工点播或机械播种。不同地区玉米播期在 5

月下旬至 6 月上中旬。

(3)播种量。玉米每亩种植株数 4 000～4 500 株。

(4)施肥。根据小麦秸秆还田归还的养分量，并结合当地农技部门根据测土配方施肥成果得出的化肥施用量进行推荐。

一般中等肥力田块，在每亩产量水平为 450～550 kg 条件下，每亩施氮肥（N）13～16 kg、磷肥（P_2O_5）6～8 kg、钾肥（K_2O）8～10 kg。其中，1/3 氮肥和全部磷、钾肥在播种时进行侧深施，2/3 氮肥于大喇叭口期前后机械开沟侧深施。推荐每亩一次基施配方肥（22-9-14）40～50 kg，大喇叭口期和孕穗期分别追施尿素 6～8 kg 和 5～7 kg。有条件地区，可每亩施用商品有机肥 100～150 kg 或农家堆沤肥 1～2 m^3，化肥用量可相应减少 10%～15%。

(5)水分管理。播后根据实际情况及时灌排，适宜墒情为土壤最大持水量的 60%～70%，在满足作物生长需求的同时，促进秸秆腐解。

(6)玉米病虫害和杂草防治。根据生长情况，利用化学药剂或人工控制病虫害和杂草。玉米病虫草害防控按 DB42/T 1818 的规定执行，药剂应符合 GB/T 8321 及国家相关规定要求。

(7)收获。玉米果穗苞叶变枯、籽粒黑层出现，选用玉米联合收获机械或人工摘穗收获。选用配备秸秆切碎抛撒装置的玉米收获机，或单独使用秸秆粉碎机将秸秆粉碎并均匀抛撒于地表。

2. 小麦

(1)品种选择。建议选择适应本区域的高产、抗病性好、品质好的小麦品种。种子质量应符合 GB 4404.1 的规定。

(2)种植方式。直播（机条播、人工撒播），可根据劳动力情况和机械条件进行选择。种植时间一般在 10 月下旬至 11 月上旬。选择包衣种子或进行药剂拌种。机械播种方法按 DB42/T 1626 的规定执行。

(3)播种量。每亩小麦播种量 10～12.5 kg，每亩基本苗控制在 120 000～160 000 株。对超出最适播期（11 月 5 日）的晚播小麦，每推迟 1 d 播种，每亩增加 0.5 kg 播量，总增加量不宜超过 5 kg。

(4) 施肥。根据玉米秸秆还田归还的养分量，并结合当地农技部门根据测土配方施肥成果得出的化肥施用量进行推荐。

一般中等肥力田块，在每亩产量水平为 300～400 kg 条件下，建议每亩施用氮肥（N）10～12 kg、磷肥（P_2O_5）4～6 kg、钾肥（K_2O）4～6 kg。氮肥分次施用，基肥占 60%～70%，拔节肥占 25%～30%，视苗情可在冬前（3 叶期）追施 10%～15% 的氮肥；磷肥、钾肥全部基施。在常年秸秆还田的地块，钾肥用量可减少 20%～30%。推荐每亩基施小麦配方肥（23-10-9 或其他相近配方）35～40 kg，起身期到拔节期结合灌水每亩追施尿素 8～10 kg。有条件地区，可每亩施用商品有机肥 100～150 kg 或农家堆沤肥 1～2 m^3，化肥用量可相应减少 10%～15%。

(5) 小麦病虫害和杂草防治。根据生长情况，利用化学药剂或人工对小麦赤霉病、纹枯病、蚜虫、杂草等病虫草害进行防治。药剂应符合 GB/T 8321 及国家相关规定要求。

(6) 收获。在小麦完全成熟时收割。采用安装秸秆粉碎抛撒装置的小麦联合收割机进行收割，粉碎的秸秆应均匀抛撒在田面。小麦收获作业质量参照 NY/T 995 的规定。

第七节 玉米单作秸秆还田技术

一、整地

1. 秸秆粉碎

秸秆粉碎长度≤10 cm，留茬高度≤15 cm，秸秆抛撒不均匀率、粉碎长度合格率及其他质量要求应符合 NY/T 500 的规定。

2. 秸秆还田

玉米季作业流程：玉米收割、秸秆粉碎匀抛、旋耕、施基肥、种植玉米。

玉米秸秆粉碎还田后，旋耕埋茬，整地要求地面平整、土垡松碎，旋耕深度 15 cm 左右。建议每隔 2～3 年采用铧式犁、圆盘犁或双向翻转犁进行玉米秸秆深翻还田，翻埋深度≥20 cm。推荐种肥同播技术。机械整地质量按 NY/T 499 的规定执行。

二、农艺管理

1. 品种选择

建议选择高产稳产、高抗病、适合于本地区的玉米品种。种子质量应符合 GB 4404.1 的规定。

2. 种植方式

人工点播或机械播种。建议使用包衣种子，种子包衣标准按 GB/T 15671 的规定执行。

3. 播种量

每亩种植株数 4 000～4 500 株。

4. 施肥

根据玉米秸秆还田归还的养分量，并结合当地农技部门根据测土配方施肥成果得出的化肥施用量进行推荐。

一般中等肥力田块，在每亩产量水平为 400～500 kg 条件下，每亩施氮肥（N）12～14 kg、磷肥（P_2O_5）6～8 kg、钾肥（K_2O）8～10 kg。其中，1/3 氮肥和全部磷、钾肥在播种时进行侧深施，2/3 氮肥于大喇叭口期、孕穗期机械开沟侧深施用。推荐每亩一次基施配方肥（22-9-14）40～50 kg，大喇叭口期和孕穗期分别追施尿素 6～8 kg 和 5～7 kg。有条件地区，可每亩施用商品有机肥 100～150 kg 或农家堆沤肥 1～2 m^3，化肥用量可相应减少 10%～15%。

5. 水分管理

播后根据实际情况及时灌排，适宜墒情为土壤最大持水量的 60%～70%，在满足作物生长需求的同时，促进秸秆腐解。

6. 玉米病虫害和杂草防治

根据生长情况，利用化学药剂或人工控制病虫害和杂草。玉米病虫草害防控按 NY/T 3260 的规定执行，药剂应符合 GB/T 8321

及国家相关规定要求。

7. 收获

玉米果穗苞叶变枯、籽粒黑层出现，选用玉米联合收获机械或人工摘穗收获。选用配备秸秆切碎抛撒装置的玉米收获机，或单独使用秸秆粉碎机将秸秆粉碎并均匀抛撒于地表。

第八节　花生—油菜轮作秸秆还田技术

一、整地

1. 秸秆粉碎

秸秆粉碎长度≤10 cm，留茬高度≤15 cm，秸秆抛撒不均匀率、粉碎长度合格率及其他质量要求应符合 NY/T 500 的规定。每季秸秆还田量每亩不宜超过 400 kg。发生严重病虫害的秸秆不宜还田，应及时移除。

2. 花生季还田

花生季作业流程：油菜收割、秸秆粉碎匀抛、施基肥、旋耕开沟、种植花生。

油菜秸秆粉碎还田后，进行翻耕、反旋埋茬，翻耕深度 15～20 cm，旋耕深度 12～15 cm。种植花生时，按 1.7～2.0 m 开沟分厢。机械整地质量按 NY/T 499 规定执行。

3. 油菜季还田

油菜季作业流程：花生收割、秸秆粉碎匀抛、施基肥、旋耕开沟、种植油菜。

花生秸秆粉碎还田后，使用旋耕机旋耕整地，旋耕深度 12～15 cm。可根据墒情，每隔 2～3 年结合犁耕，深翻 1 次，翻耕深度 20～25 cm。种植油菜时按 2.0～2.5 m 开沟分厢，围沟宽、深各 20～30 cm；腰沟宽、深各 30 cm；开好厢沟、腰沟和围沟，然后平整厢面。或机械开沟整地，畦宽为 120～150 cm，沟宽 30 cm，沟深 15 cm；腰沟、围沟深 20 cm。机械整地质量按 NY/T 499 规定执行。

二、农艺管理

1. 花生

（1）品种选择。选择高产稳产、抗病性强、适合于本地区的早熟花生品种。种子质量应符合 GB 4407.2 的规定。

（2）种植方式。直播（机械条播或人工开条沟点播覆土、挖穴点播），可根据劳动力情况和机械条件进行选择。种植时间一般在 5 月中下旬至 6 月初。行距 30～33 cm，穴距 18～20 cm。选择包衣种子或进行药剂拌种。机械播种方法按 DB4211/T 16 的规定执行。

（3）播种量。机械播种量为每亩用种量 18.0～20.0 kg；人工播种量为每穴 2～3 粒，每亩用种量 15.0～18.0 kg。每亩约 20 000 株。播种量按 DB4211/T 16 的规定执行。

（4）施肥。根据油菜秸秆还田归还的养分量，并结合当地农技部门根据测土配方施肥成果得出的化肥施用量进行推荐。

一般中等肥力田块，在每亩产量水平为 200～300 kg 条件下，建议每亩施用氮肥（N）8～10 kg、磷肥（P_2O_5）3～5 kg、钾肥（K_2O）4～6 kg、硼砂（B）0.5～1 kg。施肥以基肥为主，氮、磷、钾肥均衡施用；追肥为辅，以氮、钾肥为主。采用地膜覆盖栽培总施肥量提高 20%。推荐每亩基施配方肥（15-15-15 或相近配方）35～40 kg，钙镁磷肥 50 kg，熟石灰 40～50 kg；开花下针期每亩追施熟石灰、钙镁磷肥、草木灰各 15 kg，混匀后撒施，壮籽效果好。建议后期叶面喷施 0.3% 磷酸二氢钾水溶液。

（5）水分管理。根据田间土壤水分状况，适时排水、灌溉。

（6）花生病虫害和杂草防治。根据生长情况，利用化学药剂或人工防治疮痂病、叶斑病、棉铃虫、斜纹夜蛾等病虫害、杂草。使用方法按照 NY/T 1276 的规定执行。

（7）收获。地上部叶片呈黄绿色、地下部多数荚果成熟饱满（内果壳变成黑色或褐色）时，根据劳动力情况一周内人工或机械适时收割。粉碎的秸秆均匀抛撒在田面。

2. 油菜

(1) 品种选择。建议选择具有高产稳产、优质、高抗病和适宜机械化等特点的油菜品种。种子质量应符合 GB 4407.2 的规定。

(2) 种植方式。直播（机条播、飞播、人工撒播）或移栽，可根据劳动力情况和机械条件进行选择。直播油菜在 9 月下旬至 10 月中旬播种；移栽油菜在 10 月中下旬至 11 月中旬移栽。飞播种植方法按 DB42/T 1697 的规定执行，机械播种质量按 NY/T 2709 的规定执行。

(3) 播种量。直播油菜每亩用种量 $300\sim400$ g，飞播或人工撒播油菜可适当增加播种量，保证每亩有效苗在 30 000～40 000 株。每亩移栽油菜 8 000～12 000 株。

(4) 施肥。根据花生秸秆还田归还的养分量，并结合当地农技部门根据测土配方施肥成果得出的化肥施用量进行推荐。

一般中等肥力田块，在每亩产量水平为 $150\sim200$ kg 条件下，建议每亩施用氮肥（N）$11\sim13$ kg、磷肥（P_2O_5）$3\sim4$ kg、钾肥（K_2O）$3\sim4$ kg、硼砂 1 kg。其中，氮肥 75% 作基肥、25% 作越冬肥，磷、钾、硼肥全部作基肥。推荐每亩一次基施油菜专用肥（25-7-8）$50\sim55$ kg。有条件地区，每亩可施用商品有机肥 $200\sim300$ kg 或农家堆沤肥 $1\sim2$ m^3，化肥用量可相应减少 10%～15%。

(5) 油菜病虫害和杂草防治。根据生长情况，主要对油菜菌核病、根肿病、杂草和蚜虫进行防治。药剂应符合 GB/T 8321 及国家相关规定要求。

(6) 收获。可采用联合收获或分段收获。联合收获时，油菜秸秆同步粉碎还田。分段收获时，先采用割晒机进行作业，将割倒的油菜晾晒 $3\sim5$ d 后，再用捡拾脱粒机脱粒并将秸秆粉碎均匀还田。收获方法按 NY/T 3638 的规定执行。

第九节　虾稻共作系统秸秆还田技术

一、整地

1. 秸秆粉碎

秸秆粉碎长度≤10 cm，留茬高度≤15 cm，秸秆抛撒不均匀率、粉碎长度合格率及其他质量要求应符合 NY/T 500 的规定。每季秸秆还田量每亩不宜超过 400 kg。发生严重病虫害的秸秆不宜还田，应及时移除。

2. 小龙虾季秸秆还田

作业流程：水稻收割、秸秆粉碎匀抛、晒田 3～7d、调节水位、小龙虾养殖管理。

水稻秸秆粉碎还田后，晒田 3～7d，秸秆干燥后，进行水位调控、水质管理、小龙虾养殖管理。水位调控、小龙虾养殖管理按 DB42/T 1193 的规定执行。

3. 水稻季秸秆还田

调节水位（田间水面 1～2 cm）、翻耕、施基肥、旋耕、起浆平田、沉实、种植水稻。在水稻种植前半月内，调节水位，进行翻耕、反旋埋茬，翻耕深度 15～20 cm，旋耕深度 12～15 cm。水面深度 1～2 cm，然后免搅浆平整田面，沉实 1～2 d 后进行水稻种植。机械整地质量按 NY/T 499、NY/T 501 的规定执行。

二、农艺管理

1. 水稻

（1）品种选择。选择高产优质、抗病抗倒、适合于本地区的水稻品种。种子质量应符合 GB 4404.1 的规定。

（2）种植方式。直播（机械直播或人工撒播）、移栽（机插秧或人工插秧）、抛秧，可根据劳动力情况和机械条件进行选择。直播水稻一般在 5 月中旬至 6 月中旬播种，播种前浸种 2 d。移栽水稻一般在 6 月中旬之前进行移栽，秧龄一般 30～35 d。机械直播种植方法按 NY/T 4248 的规定执行。

(3) 播种量。 直播稻播种量为每亩杂交稻 1.0～1.5 kg、常规稻 2.5～3.0 kg。移栽水稻每穴栽插 2～3 株，每亩栽插或抛秧 1.5 万～1.8 万蔸。

(4) 施肥。 根据水稻秸秆还田归还的养分量，并结合当地农技部门根据测土配方施肥成果得出的化肥施用量进行推荐。

一般中等肥力田块，在每亩产量水平为 600～650 kg 条件下，建议每亩施用氮肥（N）11～13 kg、磷肥（P_2O_5）4～5 kg、钾肥（K_2O）3 kg 左右。其中，移栽水稻氮肥 70%作基肥、30%作分蘖肥，磷、钾肥全部作基肥；直播稻氮肥 30%作基肥、40%作分蘖肥、30%作穗肥，磷、钾肥 50%作基肥、50%作分蘖肥。推荐每亩基施水稻配方肥（18-10-12 或相近配方）40～45 kg，分蘖期每亩追施尿素 5 kg。有条件地区，可每亩施用商品有机肥 100～150 kg 或农家堆沤肥 1～2 m³，化肥用量可相应减少 10%～15%。

(5) 水分管理。 采取少量多次灌溉的原则，尽量减少田间水分排放量，减少养分流失量。

(6) 水稻病虫害和杂草防治。 根据生长情况，利用化学药剂或人工进行控制病虫害和杂草。药剂应符合 GB/T 8321 及国家相关要求。

(7) 收获。 在水稻完全成熟时收割。采用安装秸秆粉碎装置的水稻联合收割机进行收割，留茬高度 30 cm 左右，粉碎的秸秆应均匀抛撒在田面。收获方法按照 NY/T 4248 的规定执行。

2. 小龙虾

(1) 养殖模式。 投放亲虾、幼虾养殖模式，可根据季节、水质和养殖目标进行选择。投放亲虾一般在 8—9 月中稻收割前，投放幼虾一般在 9—10 月中稻收割后或第二年 3—4 月。放养前可用适宜浓度的高锰酸钾或其他消毒溶液浸泡 5～10 min，杀灭致病菌。

(2) 投放亲虾或幼虾标准。亲虾要求达到性成熟的成虾，雌雄个体大小在 35 g 以上；幼虾投放标准根据投放时间和养殖要求选择幼虾规格，一般 3—4 月投放 3～4 cm 的生态幼虾，9—10 月投放 1～2 cm 人工繁殖的幼虾。

(3) 投放量。亲虾每亩投放 20～30 kg 大规格成虾，雌雄比例（2～3）∶1；幼虾投放量根据投放时间和养殖要求选择投放量，一般 3—4 月投放 1 万尾左右，9—10 月投放 1.5 万尾左右。

(4) 饲养管理。

施肥：12 月至翌年 2 月每月施一次腐熟的农家肥，每亩用量为 100～150 kg。

投饵：投放的亲虾除自行摄食稻田中的有机碎屑、浮游动物、水生昆虫、周丛生物及水草等天然饵料外，每周宜在田埂边的平台浅水处投喂一次动物性饲料，投喂量一般以虾总重量的 2％～5％为宜；当水温达到 16℃ 以上时，每日傍晚投喂 1 次人工饲料，投喂量为稻田存虾重量的 1％～4％，具体投喂量应根据气候和虾的摄食情况进行调整。当水温低于 12℃ 时，可不投喂。可用的饲料有小麦、大豆、饼粕、麸皮、米糠、豆渣和小龙虾专用颗粒料等，应符合 GB 13078 和 NY 5072 的要求。

幼虾投放第一天投喂动物性饲料，每日投喂 3～4 次，早上、下午、傍晚各投喂一次，有条件可午夜增投一次。日投喂量一般以幼虾总重量的 5％～8％为宜，具体投喂量应根据天气、水质和虾的摄食情况进行调整，投喂量分配为：早上 20％，下午 20％，傍晚 60％ 或傍晚 30％、午夜 30％。

(5) 水分及水质管理。稻谷收割后至翌年整田插秧前，按照"浅—深—浅—深"的办法进行水位管理。10—11 月保持田面水深 10～20 cm 的浅水位，12 月至翌年 2 月保持水位至 40～60 cm 的深水位，3—4 月上旬水温回升时保持水位 10～30 cm 的浅水位，4 月中旬至 5 月底保持 30～50 cm 的深水位。定期巡视虾池，观察水质变化，及时调控水质。

(6) 病害防治。根据小龙虾生长情况，使用药剂防治疾病。常见疾病及防治方法按 DB42/T 1193 规定执行。防治药剂应符合 NY 5071 及国家相关要求。

(7) 成虾捕获。4 月中旬至 6 月上旬、8 月上旬至 9 月底采用 10～20 m、网眼规格为 2.5～3.0 cm 的地笼捕获成虾（≥25g/尾），每隔 3～10 d 转换地笼布放位置。捕获尾期，缓慢降低稻田水位，直至排干田面积水。

图书在版编目（CIP）数据

秸秆还田地力提升技术研究与应用／丛日环主编．
北京：中国农业出版社，2025. 1. -- ISBN 978-7-109
-33258-4

Ⅰ．S141.4；S158

中国国家版本馆 CIP 数据核字第 2025M2J509 号

中国农业出版社出版

地址：北京市朝阳区麦子店街 18 号楼
邮编：100125
责任编辑：魏兆猛　　文字编辑：张田萌
版式设计：王　晨　　责任校对：赵　硕
印刷：中农印务有限公司
版次：2025 年 1 月第 1 版
印次：2025 年 1 月北京第 1 次印刷
发行：新华书店北京发行所
开本：880mm×1230mm　1/32
印张：5
字数：139 千字
定价：35.00 元
